拉麵
開店技術教本

名店湯頭・自製麵條・配菜

日本的國民美食「拉麵」正逐步進化為享譽全球的食物。無論在美國抑或歐洲、亞洲，日本的拉麵廣受喜愛。在這股風氣之下，新崛起的拉麵店也陸續將腳步拓展國際。拉麵起初是日本將中國菜的麵食以獨到方式演化而成，基本上是由拉麵、湯頭、醬汁、油、配菜所構成的簡單菜色。在不久之前，人們對拉麵的認識停留在湯頭就是醬油、鹽味、味噌、豚骨，而配菜就是叉燒肉、溏心蛋、筍乾。然而21世紀的拉麵早已脫胎換骨，比方說湯頭便有豚骨魚貝、小魚乾、雞白湯等全新形態的風味不斷問世。配菜方面，活用多元的食材、烹調方式推出的新穎配菜也贏得廣大人氣。各家店獨具匠心、持續研發出新口味，或許正是拉麵的魅力所在。

　　另一方面，拉麵業界的競爭激烈、易受潮流影響，使得許多店家如曇花一現。店家開張後要穩定營業也很困難，相信有不少業者為此深感不安。為此本書邀請了12間高人氣拉麵店，為我們詳述製作拉麵的要點以及穩定經營店家的訣竅。在製作拉麵的部分，會附上詳細的製作過程照片來解說湯頭與麵條、配菜的作法。尤其湯頭會從傳統的雞肉或豚骨、魚貝湯頭，到豚骨魚貝、雞白湯、貝類湯頭等近年來的流行趨勢做橫跨多種風味的介紹，相信能提供想學做拉麵的讀者做參考。而在經營竅門上，會以Q&A的形式向前半彩色頁出現過的各店老闆請教。其中也不乏拉麵店老闆曾經是上班族或將狂熱的興趣轉為職業，而他們的開店歷程及經營上的辛勞、當初如何費盡心力才能達到現今的口味等親身經歷，想必不只能吸引業者或希望開店的人，對拉麵迷而言也是饒富趣味。

拉麵技術教本──目次

4

設計／田坂隆將
插圖、插畫／（株）オセロ
攝影／海老原俊之、石田理惠、川島英嗣、坂元俊滿、高瀨信夫、長瀨ゆかり
採訪／川島路人、栗田利之、中津川由美、深江園子、布施惠、諸隈のぞみ
編輯／黑木純、高松幸治

第1章

湯頭的技術

湯頭對拉麵店而言是最能凸顯出特色的關鍵。除了有雞骨、豚骨、魚貝高湯，豚骨魚貝、雞白湯、貝類湯頭等全新形態也已成為新必吃款，各自獲得粉絲的擁戴。用於湯頭的食材也不斷增加，帶領拉麵朝多元化大步邁進。

※ 各店的菜單為 2015 年 11 月～ 2016 年 4 月當下採訪的內容。

麺や維新
醬油拉麵

湯頭 ── 醬油拉麵（麺や維新）

比內地雞與名古屋交趾雞的鮮甜、香氣四溢
兼具清透及清爽風味的清湯

「麵や維新」是從以雞高湯做為湯底的鹽味拉麵店起家，後以清爽的淡麗系雞清湯做成的醬油拉麵一舉成名。即使在 2013 年 10 月從橫濱平沼橋搬遷至東京目黑，有著濃濃雞肉鮮甜的湯頭，再加上以生醬油烹製出風味實在的醬油醬汁、自製細扁麵所做出的「醬油拉麵」的滋味依舊不變。

老闆長崎康太表示「我只想用自己最愛的雞高湯來做出獨一無二的拉麵，從 2004 年創業以來，持續致力於精進食材及烹調方式」。最主要的雞骨在 2014 年從伊達土雞改為蘊含溫醇風味的比內地雞，更從 2016 年 1 月起將菜單全面翻新，選用比內地雞與名古屋交趾雞的雞骨以同比例製作。名品雞肉的高雅香氣與鮮甜，搭配上薩摩紅羽雞的雞骨以及全雞、雞爪、豬大腿骨、魚乾的風味，呈現出深具層次的好滋味。

而作法也會依食材做修改，過去是先在另一鍋煮好魚乾湯頭再加入雞高湯，如今為了更彰顯出雞的風味，改用將小魚乾和魚乾片類直接加進湯頭一起熬煮的方式。此外，為了確實萃取出食材的鮮美滋味，湯頭在加熱上會控制在較低的溫度。起初會開小火，以防豬大腿骨和雞骨燒焦，之後再花上 2 小時以謹慎的溫度控管來將溫度調升至 90℃左右，以完成毫無雜味的澄澈清湯。

食材

清湯

豬大腿骨	5kg
羅臼昆布	適量
比內地雞骨	10kg
名古屋交趾雞骨	10kg
蘋果	適量
薩摩紅羽雞骨	5kg
全雞	3 隻
雞爪	2kg
洋蔥	適量
日本鯷魚乾	適量
飛魚乾	適量
秋刀魚乾片	適量
鯖魚乾片	適量
柴魚片（厚切）	適量
鮪魚乾片	適量

雞主要選用風味濃醇的比內地雞（左圖、左側）與名古屋交趾雞（右側）的雞骨，再加上薩摩紅羽雞的雞骨、全雞、雞爪來增添風味的深度。比內地雞是向秋田縣的農會買進已處理乾淨的雞。魚乾則是在不蓋過雞肉鮮甜的前提下，少量加入 6 種不同風味的魚乾和魚乾片類。鯖魚乾片、柴魚片是使用帶霉的魚乾片。

昆布高湯

清湯

醬油醬汁

清湯 | 從比內地雞、名古屋交趾雞的雞骨一點一滴汲取出美味，再均衡加入全雞、雞爪、豬大腿骨、魚乾的鮮甜來熬出清透湯頭。

1
將豬大腿骨泡水約1小時把血水放出來後，放進沸水中以大火加熱約10分鐘。須以濾網將浮出的血渣等雜質挑除。

2
將1煮豬大腿骨的熱水倒掉，以冰水急速冷卻。冷卻後以刷子清除殘留的血渣及雜質，再以流水洗淨。之後裝入塑膠袋、放進冰箱冷藏。

3
將羅臼昆布泡水，放進冰箱靜置一晚冷泡。

4
將直徑51公分的高鍋裝滿水，放入處理過的豬大腿骨後開火。以小火加熱至水溫達40～50℃，一邊留意接觸到鍋子的骨頭不可燒焦。之後轉到中火。

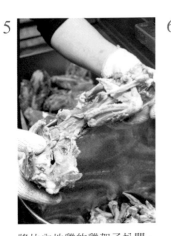
5
將比內地雞的雞架子扒開，從中取出雞翅、雞胸軟骨。比內地雞會先在產地肢解、清理後，以雞翅和雞胸軟骨塞入雞架子的狀態寄出。

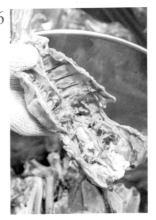
6
清除5的雞架子內側殘留的內臟，之後會化為雞油的脂肪則保留。再以流水小心清洗，並將雞骨拆成兩半以方便熬煮高湯。

7
豬大腿骨熬煮30分鐘後，將比內地雞的雞骨放入鍋中。

8
清除名古屋交趾雞的雞架子內側殘留的內臟，保留脂肪，再以流水洗掉血水和雜質。

9

湯鍋的火力轉為小火，將名古屋交趾雞的雞骨放入鍋中，塞滿到雞骨無法浮出水面。水溫達到 40 ～ 50℃時轉為中火，細細熬煮至 90℃。

10

當湯頭的溫度升至 70 ～ 80℃而有泡沫及雜質浮出水面時，請用粗、細網格的濾網仔細將其去除。

11

自開火約 2 小時後，湯頭的溫度達到 90℃。撈取浮出表面的雞油，冷卻後再放進冰箱冷藏。雞油凝固後所多出來的湯頭請倒回鍋內。凝固的雞油融化後可運用於拉麵的香料油。

12

為避免氧化，將帶皮的蘋果放入鍋中。

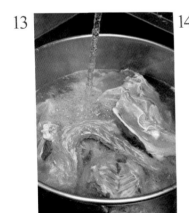

13

將薩摩紅羽雞的雞骨除去內臟、脂肪，並以流水清洗。之後泡進熱水揉洗以防雜味產生，再以冷水冷卻後瀝乾。

14

在全雞的腹部和腿的交界處下刀，切成兩半。除去內臟與多餘的脂肪，並以流水清洗。

15

切開腿肉，敲碎骨頭將其分成兩半。

16

將處理好的全雞放入 **12** 的鍋中，用薩摩紅羽雞的雞骨塞滿整個鍋緣，以避免全雞浮出表面。

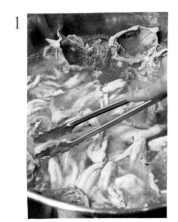

1

放入雞爪，將火力調高至稍強的中火，將湯頭的溫度提升至98℃。

2

將對切成兩半的剝皮洋蔥放進篩網，放入湯頭浸泡。2小時後將洋蔥取出。

3

將浸泡一晚的**3**的昆布和水經由篩網過濾倒入高鍋，再將盛滿昆布的篩網泡入湯中。1小時後將昆布取出。

4

自開火約7小時後，放入日本鰻魚乾、飛魚乾，以及秋刀魚乾片、鯖魚乾片、厚切柴魚片。

5

放入魚乾約1個半小時後，清除浮出表面的油脂。由於這些油脂會有異味，請直接丟棄。

6

放入鮪魚乾片迅速攪拌，5分鐘後熄火。

7

將粗、細網格的濾網相疊，謹慎過濾湯頭。

8

將裝有湯頭的高鍋用冷水冷卻，再用湯勺去除浮出表面的油脂。

9

將特製銅管放入湯中,並於銅管內加水,由內側加外側來冷卻湯頭。之後將冷卻的湯頭分裝,放入冰箱靜置一晚。

10

隔天早上,於冰箱靜置一晚的湯頭表面會有凝固的白色油脂,請以濾網清除。仔細去除油脂才能做出無油臭味的清透湯頭。

POINT

為了避免最先放入的豬大腿骨燒焦,開火後須先以小火加熱,當水溫升至 40～50℃ 時再轉成中火～大火。放入比內地雞和名古屋交趾雞的雞骨後,讓湯頭的溫度上升至 90℃。之後再放入薩摩紅羽雞的雞架子、全雞、雞爪,微調火力將最高溫度保持在 98℃ 內,細細熬煮出雞的鮮甜。為了不使魚乾蓋過雞的風味,須少量地直接放入湯中。鮪魚乾片之外的魚乾須加熱 1 小時,鮪魚乾片則加熱 5 分鐘,以確保只將香氣和鮮甜融入湯頭。

醬油醬汁

將未加熱處理過的兩種生醬油(群馬縣產及和歌山縣產)搭配以生醬油取代鹽水釀出更濃郁發酵的二次釀造醬油,並加上魷魚乾來補強鮮甜滋味,同時抑止醬油發酵,以 60～70℃ 左右的溫度加熱約 30 分鐘,讓香氣散發出來。加熱後須靜置 3 天才可使用。釀造頻率約每週 1～2 次。

麺処 まるは BEYOND
中華拉麺 醤油

湯頭 ── 中華拉麺 醤油（麺処 まるは BEYOND）

澄淨而閃閃發光的外表下，有著超乎想像的強烈甘甜。
豚清湯及魚乾高湯調配出完美比例

「麵処 まるは BEYOND」於 2013 年 12 月開店，老闆長谷川凌真繼承了曾在札幌市經營人氣麵店「麵処 まるは」等兩家店的亡父長谷川朝也所留下的店名，建立起自己的全新拉麵店。針對全天供應的 4 道麵食，共備有 5 種湯頭、3 種香料油。麵食會依各口味而用不同的比例去調配，因而能做出風味截然不同的拉麵。

而在 4 款拉麵中擁有點餐率幾乎過半的高人氣，同時也是長谷川先生個人最愛的便是「中華拉麵 醬油」。雖然過去在「麵処 まるは」也有同名的麵食，但父親並未留下食譜，是老闆獨自摸索重建出來的風味。

這裡的動物系湯頭是豚清湯，須留意不讓豬大腿骨及豬背骨沸騰而花上 8 小時燉煮，靜置一晚後去除多餘油脂而成。魚貝系湯頭則是為了避免苦味，前一天便會將兩種魚乾及秋刀魚乾片泡水萃取，再以大火煮至逼近沸騰來濾出一次高湯。除了融合這兩種湯頭，還會加上有著濃郁柴魚片風味的小魚乾油（參考 152 頁），藉此加強香氣與多層次的韻味。澄淨的湯頭與滑溜有彈性的麵條，這個組合也恰恰呼應了本店的主旨「每天吃也不膩的好滋味」。大膽疊上多層韻味之餘，各自又不會搶走風采的圓融風味，體現出年輕的長谷川先生純熟的平衡感。

食材

豚清湯

豬大腿骨	20kg
豬背骨	20kg
豬肩里肌、豬五花（叉燒用）	16 條
薑	500g
大蒜	500g
大蔥（綠色部分）	10 根

魚貝系湯頭

日本鯷魚乾	1.2kg
臭肉魚乾	400g
秋刀魚乾片	400g

兩種小魚乾和秋刀魚乾片須先泡水後再加熱。

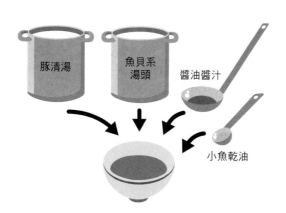

豚清湯　魚貝系湯頭　醬油醬汁　小魚乾油

豚清湯

將未事先燙過的豬骨悶煮約8小時，藉由小火燉煮並時時用心撈除表面的泡沫，讓湯頭如散發光芒般澄澈。

1 冷凍的豬大腿骨及豬背骨放入直徑51公分的高鍋，不需事先燙過。

2 倒入70公升的水之後開大火，在接近煮沸前都保持開大火。

3 接近沸騰時，將火候控制在細小泡泡持續冒出的程度。從此開始約需熬煮8小時。

4 等泡沫聚集在一起再來撈除。在反覆除去泡沫的同時，湯頭也會越來越澄澈。

5 與4同時進行，用另一鍋將30公升的水煮沸，將做為配菜的豬五花卷上豬肩里肌而成的叉燒放下去煮至沸騰。不時以金屬串叉看熟度，當肉汁呈透明狀時，立刻將肉取出靜置。

6 當5煮過叉燒的湯汁同4在穩定狀態下經過1小時，將其20公升的湯汁倒入高鍋。泡沫會隨即冒出，請一口氣撈乾淨。液量會變成約90公升。

7 將火候控制在微微滾沸的程度，持續加熱超過30分鐘。繼續撈除泡沫，讓鍋內表面維持在無雜質的狀態。

8 放入薑、大蒜、大蔥。蔬菜也會煮出雜質，一樣須撈除。

9

再加熱約 2 小時後試試味道，關火並過濾湯頭。煮湯須控制在 9 小時內，以免湯頭的風味流失。放進冰箱靜置一晚，隔天將浮出的油脂完全清除。

POINT

要是湯頭沸騰便會有泡沫接踵浮出，請將液面保持在平穩而沒有泡沫冒出的狀態。此時先不撈出油脂，待放入冰箱靜置後再將浮出的油脂完全清除，便能將脂肪本身的精華留在湯頭裡。將同一時間用另一鍋燉煮叉燒的湯汁加進湯頭，絲毫不浪費食材美味也是一大關鍵。

魚貝系湯頭

一次高湯用於「中華拉麵 醬油」，二次高湯用於「中華拉麵 鹽味」，依照口味使用不同的湯頭。

1

在熬煮湯頭的前一天，將小魚乾及秋刀魚乾片放入直徑 39 公分的高鍋，倒入 15 公升的水浸泡一晚（半天）來汲取風味。照片為半天後的狀態。

2

開大火煮至冒出大量白色泡沫，逼出小魚乾的鮮甜。在接近煮沸前關火，立刻過濾出一次高湯。

3

將濾出的小魚乾放回空鍋，倒入 4 公升 75℃ 的熱水，將火候控制在熱湯微滾的大小。燉煮約 5 分鐘後，同樣一口氣將小魚乾濾掉，便是二次高湯。

4

魚貝系湯頭的一次高湯（後）與二次高湯（前）。

饗 くろ㐂
鹽味拉麵

控制好加熱溫度以萃取出雞肉的鮮甜
醬汁選用海、山、湖的6種鹽以追求「優質」

身為和食、西餐的廚師已有20年經歷的「饗 く ろ㐂」老闆黑木直人秉持著「優質」的理念，不斷打造出別樹一幟的拉麵。菜色以「鹽味拉麵」及「味噌拉麵」（參考132頁）為兩大核心，再加上每個月會更換一次口味的特別款拉麵。雖說鹽味拉麵是佔了6成點餐率的主力拉麵，黑木先生解釋「我隨時都在檢討調理方式，鹽味拉麵和2011年6月開幕時的拉麵已成了截然不同的口味」。

鹽味拉麵是以全雞熬出的清湯做為基底，而在熬煮上最值得一提的是對於加熱溫度無微不至的管控。首先將溫度控制在50℃使雞肉的蛋白質分解，接著加熱至90℃來萃取出雞肉、雞骨的精華，但黑木先生也強調「不可讓湯頭沸騰，以免香氣逸失」。另一方面，魚貝系湯頭則靠富含麩胺酸的昆布，以及極度鮮美的本枯節柴魚片、風味濃郁的花鰹魚乾片、香氣十足的柴魚花來組合出優質的湯頭。雖然過程中處處運用到和食的調理方式，但老闆表示「由於雞肉的雜質也是最精華的一部分，雞清湯會刻意不撈除雜質，我藉由採取這些跳脫和食框架的調理方式來追求多層次的拉麵」。

食材（份量不公開）

雞清湯
全雞（1大、2小）
雞爪
雞脖子骨
豬五花（用於叉燒）
洋蔥
蘋果
白菜
芹菜
大蒜
蔥
番茄

魚貝系湯頭
羅臼昆布
乾香菇腳
烤飛魚乾
秋刀魚乾
本枯節柴魚片
花鰹魚乾片（厚切）
柴魚花

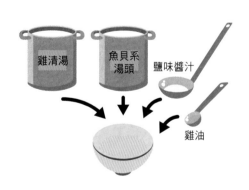

鹽味醬汁由6種鹽特調而成。藉由搭配海（粟國之鹽、藻鹽、五島之華、給宏德海鹽）、山（蒙古岩鹽）、湖（天日湖鹽）等多種不同類型的鹽巴來為風味增添廣度。湯頭則使用鮮甜的本枯節、濃郁的花鰹魚乾片、飄香的柴魚花等3種各異其趣的柴魚片。

雞清湯 | 以50℃煮1小時、90℃煮4小時、98℃煮3小時。考量雞肉做為食材的特性，透過不時調整水溫的燉煮方式來萃取出鮮甜滋味。

1

為了讓全雞的精華更易融入湯頭，先做好事先處理，從腿根切開。

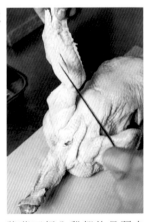
2

將菜刀插入雞翅的骨頭之間，劃出數道切口。

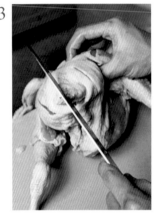
3

雞屁股也須劃上切口。

4

全雞處理完畢。在關節及身體等處的皮、肉上均勻劃上多道切口。

5

將前一晚冷凍的雞爪、雞脖子骨放入高鍋進行解凍。接著放入全雞，倒入經濾水器濾過的水至食材全浸泡在水中。

6

開大火，攪拌食材使其均勻相融。

7

當水溫到達50℃便蓋上蓋子、將火轉小。由於蛋白質在45～65℃的溫度帶會變質，須將溫度維持在50℃約1小時，慢慢加熱進食材的中心。

8

轉大火，水溫到達90℃再將火轉弱。若以超過90℃的溫度長時間燉煮，雞肉的風味會流失，故須維持在90℃煮上4小時。

9

在「不同於豬肉，雞肉的雜質也是精華的一部分」之理念下，不需將雜質撈除，當雜質浮出便攪拌湯頭。雜質會吸附在雞骨等處，湯頭也會漸漸變得清透。

10

將用來製作「味噌拉麵」叉燒的豬五花放進鍋中。

11

用來做食材的蔬菜在處理過程中去除的部分也不可浪費，例如高麗菜的外葉、小松菜的根等。將廢菜葉乾燥後加以利用，可為湯頭添加麩胺酸。

12

洋蔥、蘋果連皮切成寬約 1 公分的大塊，而白菜、芹菜等其他蔬菜則細切。隨著豬五花將蔬菜一同放入鍋中。

13

加入豬五花、蔬菜類後轉為大火，使水溫維持在 98℃（呈靜靜沸騰的狀態）熬煮 3 小時。

14

湯頭大功告成。由於湯頭並不是以大火強力熬煮，蔬菜等食材仍保留原形而未軟爛。

15

將高鍋底部的水龍頭轉開，用篩網及濾器來過濾出湯頭。雞清湯放在室溫下存放，隔天上午便可使用。

魚貝系湯頭

鮮美的本枯節柴魚片、濃醇的厚切花鰹魚乾片、香甜的柴魚花
共添加3種柴魚片。與雞清湯一樣須確實掌控水溫。

1

前一晚先將羅臼昆布、乾香菇腳、烤飛魚乾、秋刀魚乾、本枯節柴魚片、花鰹魚乾片泡水，冷泡靜置一晚。

2

隔天早上，湯鍋開中火煮，花上約30分鐘慢慢加熱。

3

若湯頭煮沸便會產生苦味，必須在湯沸騰之前將火轉小。

4

湯頭若攪拌便會冒出魚腥味且變濁，請將溫度控制於90℃以下靜靜熬煮40分鐘。

5

為了將柴魚片的香氣融入湯頭裡，加入大量的柴魚花。

6

將溫度控制在90℃以下，再煮上40分鐘。

7
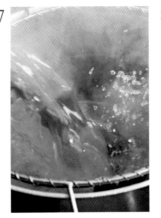
檢查鹽分濃度是否恰好落在0.5％之後，用篩網過濾湯頭。

8

要是湯頭裡有濾渣殘留將會影響風味，必須再用濾器加毛巾來仔細過濾湯頭。

9

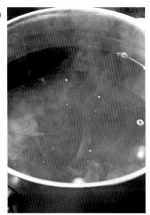

將鍋子浸泡冷水以急速冷卻湯頭。湯頭自熬煮好的當天中午即可使用，需在隔天中午前用完。

POINT

黑木先生認為「柴魚高湯的美味是和食之光」，魚貝系湯頭透過 3 種柴魚片的搭配來達成多層次的風味。藉由不讓湯頭沸騰、將溫度控制在 90℃ 以下慢慢加熱，方能熬出抑制苦味又無雜濁的湯頭。

湯頭的最後一步

由於湯頭若是持續加熱便會走味，接單後再從雞清湯及魚貝系湯頭各取同樣份量，將合計 350 毫升的湯頭倒入單手鍋，加入 20 毫升雞油再次加熱。鹽味醬汁則是以昆布、花鰹魚乾片萃取出的高湯加上 6 種鹽、白醬油、魚露調製而成。

麺処 銀笹
銀笹鹽味拉麵

湯頭 ――― 銀笹鹽味拉麵（麺処 銀笹）

構思來自將鯛魚炊飯做成茶泡飯所衍生的鹽味湯頭。
將前一天煮好的動物系湯頭配上魚貝系湯頭大功告成

　　清爽之餘又不失濃醇滋味的「麵処 銀笹」湯頭是在第一天先煮動物系湯頭，第二天再加上魚貝系湯頭熬煮而成。老闆笹沼高廣原本是日式料理師傅，他把鯛魚炊飯與拉麵做結合，將拉麵湯頭化為可淋在鯛魚炊飯上做茶泡飯吃的享用方式做為前提，在湯頭的滋味與熬煮上費盡工夫。雖然動物系湯頭所溢出的油脂對拉麵的湯頭來說是不可或缺的存在，但要讓每一碗都能盛等量的油脂也需要另一番工夫。該店會將第一天煮好時浮上表面的油脂撈起，再將那新鮮的油脂於當天營業時加以運用，每碗都會秤份量。此外，製作叉燒用的線捆豬五花也會加入湯頭做為食材之一，更兼具事先燙過的功用。接下來，煮好的動物系湯頭放進冰箱冰過一晚後，未完全撈除的油脂會凝固於表面，先用篩網挑除至幾乎沒有油脂的清爽狀態，再加入魚貝系湯頭燉煮。在魚貝系湯頭方面，由於笹沼先生有豐富的日式料理經歷，他深知若以高溫及大火熬煮會使湯頭變濁、產生苦味，因此會藉由將溫度維持在 85 ～ 90℃以小火加熱約 2 小時的方式，徐徐汲取出精華。

食材

動物系湯頭

雞骨	10kg
豬背骨	8kg
雞絞肉	4kg
豬五花（叉燒用）	6 條
雞皮	1kg
大蔥（綠色部分）	12 根
薑	400g
大蒜	2 顆

魚貝系湯頭

日高根昆布	250g
日本鯷魚乾	1.5kg
鯖魚乾片、花鰹魚乾片混合	1.5kg
追加昆布（日高根昆布）	15g

鹽味醬汁（約 1 天份。照片為 3 天份）

海扇蛤（乾燥）	100g
乾香菇（切片）	22g
水（包含泡發海扇蛤與乾香菇的量）	2.7ℓ
赤穗天鹽（粗鹽）	255g
赤穗荒波鹽（粗鹽）	130g
味醂（愛知縣產「甘強味醂」）	280mℓ
昆布茶	155g

上圖為日高根昆布，下圖為日本鯷魚乾。各放入網袋浸水冷泡一晚，再加入動物系湯頭。日高根昆布還會在最後追加一次來增添鮮味。

動物系湯頭 | 沸騰後第一時間冒出的雜質須徹底撈除。再除去油脂，使湯頭呈晶瑩剔透的效果。

1 前一天先將雞骨處理乾淨。圖中為雞骨，將其放入熱水快速汆燙以去除血水。要是長時間浸在熱水中加熱過頭，精華會跟著流失，故此步驟須迅速完成。

2 立刻以流水清洗，仔細清除血水等雜質。豬背骨也要處理乾淨，剔除掉附著在龍骨上的脂肪。

3 隔天早上，將55公升的水倒入70公升的高鍋後開火。煮約1小時沸騰時，將前一天處理好的雞骨及豬背骨放入鍋中。

4 接著放入雞絞肉、用來製作叉燒的線捆豬五花。

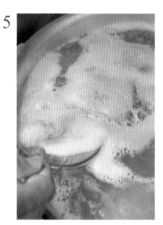

5 約15分鐘後當湯再度沸騰，請用心撈除雜質。在這個階段第一次清除雜質非常重要，關鍵在於「不得讓雜質煮回湯頭」。

6 放入雞皮。

7 加入大蔥、薑、大蒜，再度煮至沸騰。

8 約10分鐘後沸騰時，再度撈除雜質並轉為小火。

9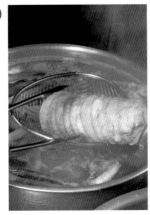

約 2 小時後，將浮上表面的雞與豬肉的油脂清除，再用廚房紙巾過濾。這些新鮮油脂要在當天使用。30 分鐘後再清除一次雜質，之後就不再有其他動作，以小火繼續熬煮。

10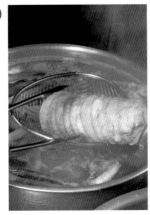

約 2 小時後，開火加熱叉燒的醬汁，使其煮沸。將製作叉燒用的豬五花從高鍋取出，放入醬汁。

11

從早上開始熬煮 6 小時後，將湯頭過濾倒入 2 個 35 公升的高鍋中。再將高鍋放入倒滿冰水的水槽中降溫，冷卻完畢後放入冰箱。

靜置一晚

12

隔天早上，從冰箱取出裝在高鍋裡的動物系湯頭，用網子撈除凝固於表面的油脂。若當天的油脂不足時可以拿來使用，請裝進容器保存。

13

倒入以昆布及魚乾冷泡出的魚貝系湯頭（參考 28 頁）後開火，蓋上鍋蓋。

14

1 個半小時後，在接近煮沸前掀開鍋蓋，放入鯖魚乾片與花鰹魚乾片的混合，將火轉弱並控制在 85～90℃。配合 11 點的開店時間，將湯頭移至營業用的 16 公升高鍋，再追加放入昆布。

POINT

笹沼先生認為以鯖魚乾片、花鰹魚乾片、昆布、小魚乾等熬煮的和風高湯在 85～90℃的溫度下，比 100℃更能熬出鮮味。此外，昆布煮 1～2 小時便會失去風味與鮮度，必須每 1～2 小時就更換，午間營業時須追加兩次昆布。

魚貝系湯頭

將昆布和小魚乾放入網袋，待冷泡一晚再使用。
魚乾片等兩種湯頭相融後再放入。

1

在準備魚貝系湯頭方面，於前一天關店後，將日高根昆布和日本鯷魚乾分別放入不同的網袋泡水。

2

將高鍋盛滿水後，放入裝有昆布及小魚乾的網袋，靜置一晚。在溫暖季節需將其放進冰箱，寒冷季節則置於室溫下。

3

經冷泡過一晚的狀態。

4

用篩網過濾後，倒入動物系湯頭。

炙燒叉燒

將從開店當時沿用下來的陳年叉燒醬汁加熱，使其沸騰。從湯鍋中取出叉燒，放入醬汁中，須蓋上廚房紙巾以免表面過乾，以小火燉煮約2小時。之後將叉燒取出、吹電扇冷卻，再放進冰箱冷藏，於隔天營業時使用。早上先將叉燒切片，客人點餐再用噴槍一片片烤至金黃焦香後鋪在拉麵上。由於每天會用上6～7條，每天都得備料。

鹽味醬汁

將2種粗鹽炒過以緊緊鎖住礦物質，用海扇蛤、乾香菇、昆布茶提煉出鮮味。

1
將乾燥的海扇蛤貝柱、乾香菇的切片一起泡水靜置一晚。經過切片的乾香菇更容易泡發開來。

2
隔天早上先用篩子把水瀝乾。昨晚泡發的水將用於鹽味醬汁的關鍵提味，先保留起來。

3
用食物處理機將海扇蛤貝柱和乾香菇打碎。

4
將絞碎的海扇蛤貝柱和乾香菇移到容器中，而泡發的水經秤量後也先倒入容器中。須計算還要加幾毫升的水才能讓泡發的水與清水加起來達 2.7 公升。

5
將 2 種粗鹽放入高鍋，以中火炒至乾爽的狀態。選用 2 種不同粗細的粗鹽能彰顯出甜味，炒鹽則能鎖住礦物質，更添風味。

6
把鹽炒到乾爽後便先關火，首先倒入少量的水。由於鹽巴呈高溫狀態，須留意倒水時會瞬間沸騰起來。接著將 4 全部倒入。

7
將在 4 計算的水量以及味醂、昆布茶倒入後重新開火。煮沸時立刻熄火，等待 7 分鐘讓溫度降至 80℃，再開小火加熱 30 分鐘。冷卻後倒入密閉容器，靜置一晚再使用。

我流麵舞 飛燕
魚貝雞鹽白湯

湯頭 —— 魚貝雞鹽白湯（我流麵舞 飛燕）

將3種精華以時間間隔堆疊而成的魚貝雞白湯。
減少湯頭的油分，以醬汁和香料油釀出濃醇香

「我流麵舞　飛燕」老闆前田修志的基本湯頭是以雞白湯為底再加上豚骨、2種小魚乾等魚貝類的口味。雖然外觀看來濃稠又混濁，喝起來卻出乎意料地質感輕盈清爽又順口。這正是前田先生心目中想達到的「口感圓潤且能降低鹽分與油分，好喝到能喝光光的湯頭」。

「魚貝雞鹽白湯」是開店以來的招牌菜色，起先並未加雞油、有蝦米碎片做配料。之後為了使雞與魚貝的鮮味更加顯著，在製作上開始增加雞骨的量並加入雞油，改將蝦米碎片放到碗底，藉此讓風味能逐漸散發開來。雞油添加了扇貝粉萃取出的精華（參考153頁），使風味融合之餘，更能讓鮮味凸顯出來。同時將筍乾改用筍尖部位、將珠蔥換成香氣濃郁的青蔥，麵也改選用較少鹼水的麵條。將原料的雞脖子骨除去脂肪所熬煮出的湯頭加上做為提味的雞油，便形成了如今極致講究健康取向的形態。

這個湯頭完全喝不出雞和魚貝類的腥味，只留下濃厚的鮮甜而順喉，令人回味無窮。還有客人因必須住院而自備保溫壺來店裡要求外帶，而這樣的小插曲會發生也是不足為奇。

食材

魚貝雞白湯

雞脖子骨	15kg
豬大腿骨	8kg
雞爪	5kg
薑	150g
大蒜	6顆
馬鈴薯	1kg
洋蔥	1kg
米	200g
日本鯷魚乾	800g
秋刀魚乾片	500g
干貝	35g
蝦米	35g
日高昆布（20cm）	3片

將魚貝類食材的日本鯷魚乾、秋刀魚乾片保留魚頭，直接放入雞白湯的鍋裡。不用另一鍋煮魚貝湯頭，而是以同一鍋從頭熬煮到尾的方法，對於爐火較少的廚房來說較有效率。再從小母雞的雞皮與脂肪萃取出雞油加上扇貝粉，汲取出香氣與風味。

魚貝雞白湯

相較於雞白湯和豚骨，在不同時間加入蔬菜及小魚乾，用同一個鍋子熬煮而成。

1 雞脖子骨在前一天先用熱水事先燙過，再用手指將帶油脂的筋仔細剔除。

2 將事先汆燙且清洗過的對切豬大腿骨、**1** 的雞脖子骨、雞爪一起放入直徑 54 公分的高鍋，倒滿水後開大火煮。

3 此時會有白色雜質不斷冒出。即使沸騰也要繼續以大火煮，當雜質累積到一定的量，再用濾勺反覆撈除。

4 湯頭煮沸的狀態。如圖只需把白色雜質仔細撈除，黃色的油脂將化為湯頭精華，切記保留、不需清除。

5 經過約 1 小時當雜質不再浮出，放入薑和大蒜並蓋上鍋蓋。（請視湯頭是自此才開始熬煮。）計時器設成每小時提醒，將蒸發掉的量加水補上，讓鍋內的水位保持不變。

6 從 **5** 熬煮 1 個半小時的狀態。由於在 **4** 之前已將白色雜質撈乾淨，從此幾乎不太需要再除雜質。蓋上鍋蓋開大火燉煮，湯頭會逐漸變濁。

7 自開始熬煮 3 小時後，放入馬鈴薯和洋蔥。洋蔥是帶香味的蔬菜，馬鈴薯則有澱粉會融進湯頭，具備將數種高湯材料的風味串連在一起的功用。

8 接著放入米，米的功用與馬鈴薯相同。再度將計時器設成每小時提醒並蓋上鍋蓋，時間到就來為蒸發掉的湯頭補上等量的水。

9

再過 1 小時後（開始熬煮 4 小時後）的狀態，湯頭已十分混濁

10

經過 4 小時，將日本鯷魚乾、秋刀魚乾片、干貝、蝦米、日高昆布一起放入。從此開始保持用大火熬煮 8 小時，並重複每小時來補充水量的動作。

11

從 5 經過 8 小時後，倒入比之前還稍多的水量後轉為中火，不蓋鍋蓋煮 90 分鐘來讓腥味逸失。接著熄火、過濾湯頭，再放進冰箱。

POINT

從主原料的雞骨熬出的精華雖然會在加熱後的 6 小時達到高峰，為了將輔助雞骨風味的豬骨精華萃取出來，還得再煮上 2 小時，使風味融為一體。而途中加入的小魚乾不須去頭，是考量到為了使五味之一的苦味能化入湯頭中，藉此更能吃出鮮甜滋味。

雞肉叉燒

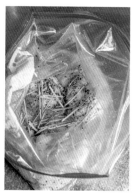

做為「魚貝雞鹽白湯」配菜的雞肉叉燒有著綿密的口感，散發出微微檸檬草香氣的高雅風味。老闆在主打低脂健康的拉麵之餘，不忘讓客人有吃肉的飽足感。將事先把雞皮與油脂去除乾淨的雞胸肉、鹽味醬汁、水、粗粒黑胡椒、檸檬草放入夾鏈袋（左），浸泡在 68 ～ 70℃ 的熱水中，將空氣擠出後密合。邊調整火候讓溫度保持住，加熱 50 分鐘（右）。

東京スタイルみそらーめん ど・みそ 京橋本店
特級味噌濃醇拉麺

湯頭

特級味噌濃醇拉麺（東京スタイルみそらーめん ど・みそ 京橋本店）

大蒜香料油是美味關鍵。藉由陳年湯頭來兼顧如何縮短熬煮時間與穩定品質

在屈指可數的味噌拉麵專賣店中，發揮超群的集客力、成功拓展多家分店的正是「東京スタイルみそらーめん　ど・みそ」。老闆齋藤賢治曾向過去常以客人身份光顧的味噌拉麵專賣店拜師學藝。齋藤先生將該店「即使每週吃兩、三次也不膩」的風味當做基礎，經過不斷改良湯頭和醬汁等，終於建構出獨自的味噌拉麵。

點餐率達 8 成的「特級味噌濃醇拉麵」雖然是表面有厚厚一層背脂的濃厚拉麵，後韻卻不膩口，是吃起來口感清爽的湯頭。湯頭是以豬大腿骨、雞骨為底的動物系加上用小魚乾等冷泡出的魚貝系所調配而成，而在熬煮湯頭上特別值得一提的是本店採用了「陳年湯頭」的手法。將前一天剩下的湯頭做為主湯頭，再針對減少的量倒入新煮的動物系湯頭及魚貝系湯頭去補滿。這樣一來不但能減少煮湯的時間，還能增添濃醇風味，湯頭的品質也更加穩定。這個湯頭會配上味噌醬、大蒜香料油。齋藤先生表示「融合 5 種味噌的醬汁能托出味噌特有的鮮味，與使用大量大蒜製作的香料油十分對味，透過味噌與香料油的加乘效應來打造出本店的特色」。

食材

動物系湯頭

豬大腿骨	10kg
豬背骨	5kg
雞骨	10kg
雞爪	5kg
豬腳	10 隻
背脂	20kg
大蔥（綠色部分）	5 根
大蒜	3 顆
薑	3 塊

魚貝系湯頭

日本鯷魚乾	500g
柴魚片	200g
花鰹魚乾片	200g
鯖魚乾片	200g
乾香菇	200g
昆布	5 片

主湯頭

前一天剩餘的主湯頭

1 碗用上約 70 公克的大量背脂。為了讓湯頭既濃醇又不會過於油膩，本店嚴選日本產的新鮮生背脂。

動物系湯頭

藉「陳年湯頭」使燉煮豬大腿骨等食材的費時工程大幅縮短。
將豬大腿骨和雞骨分兩階段加進湯頭，讓鮮味的濃度均一。

1
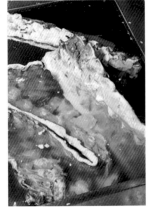

將豬大腿骨、豬背骨、雞骨、雞爪、豬腳浸水靜置一晚以去除血水。

2

在高鍋裡裝滿熱水、放入背脂，轉至大火。

3

當熱水煮沸、背脂變軟時，用濾網撈起背脂。撈起的背脂將用於主湯頭。

4

將各 5 公斤的豬大腿骨與雞骨以及所有的豬背骨、雞爪、豬腳放入高鍋。剩下的豬大腿骨與雞骨將分段加入湯頭中。

5

將大蔥豎切成兩半，大蒜則與纖維垂直切成兩等份，再把薑切成薄片。

6

將蔬菜放入圓筒型的濾網，掛在高鍋的邊緣，開大火煮。

7

約 30 分鐘後會有雜質浮上湯頭表面，請妥善撈乾淨。

8

以大火持續加熱使其沸騰。

魚貝系湯頭 | 就如同味噌湯多用柴魚高湯製作，味噌和海鮮高湯可說是絕配，歷經多次改良開始將魚貝系的鮮味加入湯頭。

1

2

將日本鯷魚乾、柴魚片、花鰹魚乾片、鯖魚乾片、乾香菇、昆布浸水冷泡一晚。

隔天早上以小火燉煮 15 分鐘，再用錐形濾網過濾湯頭，後置於室溫下降溫。

POINT

將當天熬煮的動物系湯頭和魚貝系湯頭加進前一天的湯頭，以做為主湯頭。這種新湯加進舊湯之作法的最大優點便是能減輕前置作業。由於從前一天沿用下來的主湯頭已有充足的濃醇風味，也就不需要再花時間於新煮的動物系湯頭上。也因為不必從頭製作湯頭，成品的品質相對穩定也是一大優點。

主湯頭 | 前一天沿用下來的主湯頭，不足的量由動物系、魚貝系湯頭來補足。藉由已完成的湯頭為基底，力圖達成穩定的品質。

1

2

3

4

將前一天剩餘的湯沿用於主湯頭。先在前一晚將湯頭倒入乾淨的高鍋，隔天早上以小火加熱。將用於動物系湯頭的背脂裝入濾網後放進高鍋內，使其融入主湯頭中。當背脂的量減少時再適量補上。

當湯頭開始沸騰，新放入的背脂所產生的雜質也會跟著浮出，請撈除乾淨。

在加熱主湯頭的同時，當天備好的動物系湯頭也要持續加熱，當主湯頭減少時便適度倒入動物系湯頭。

魚貝系湯頭也隨同動物系湯頭一起倒入。動物系湯頭與魚貝系湯頭的比例為 5 比 1。

味噌醬

混合信州味噌、仙台味噌、八丁味噌、江戶甘味噌、空豆味噌，再加上調味料與辛香料而成的醬。當初為了找出能發揮味噌香氣與鮮甜的組合，不斷試吃超過 30 次才調配完成，現將作法發包給業者製作。味噌醬也有推出銷售版，可於 30 家分店購買。

大蒜香料油

被齋藤先生視為「『ど・みそ』特有的最關鍵風味」便是大蒜香料油。使用青森縣田子町的新鮮大蒜，連同薑、各種調味料及辛香料、花生油一起放入調理機絞碎。為避免大蒜的風味流失，香料油會每天製作，而非事先做好常備。

湯頭的最後一步

由滿滿的背脂、大蒜香料油構成的湯頭有著濃郁風味卻又後韻清爽。製作湯頭的最後一步，首先在麵碗裡放入味噌醬，並加入大蒜香料油、芝麻、辣椒粉、韭菜末。將浸泡在主湯頭而變軟的背脂倒入油脂濾網，將其大量灑入碗中至幾乎可將味噌醬覆蓋著的程度。接著倒入主湯頭，以攪拌器拌勻後放入麵條、擺上配菜。

味噌らぁめん 一福
味噌拉麺

將動物系食材產生的雜質仔細撈除，
在快煮好前加入魚貝高湯化為爽口風味

「味噌らぁめん 一福」以無添加化學調味料來製作出溫和風味的「味噌拉麵」而備受好評。自 1990 年開店以來，老闆石田久美子每天獨自熬煮的湯頭有雞骨、豚骨加上蔬菜及魚貝類高湯，而將這些食材的鮮美與甘甜烘托出的溫和風味便是這裡的特色。起初創業時，石田小姐是將雞與豚骨分開燉煮、各別調整熬煮的狀態，然而用這個方法準備約 100 碗麵的湯頭不但費工，味道也不甚穩定，因此大約在一個月後改成用同一鍋熬煮的方式。她重新思考如何能讓雞骨、豬大腿骨、豬腳、雞爪、背脂的鮮味完美調和的份量與加熱時間，而構思出現今的作法。

她以「每天吃也不膩，更不帶腥味的口味」為目標，為此在事先處理動物系食材的方面非常徹底，熬煮過程也會仔細去除雜質，使湯頭清透鮮美。雖然考量到健康層面而減少豬背脂的量，仍會將燉煮至軟化的油脂以錐形濾網過濾，再加上乳化這一道手續，讓油脂的濃郁與滑順的口感更加顯著。

至於用小魚乾及柴魚片萃取出的魚貝高湯，為了使其爽口香味發揮到極致，會先泡水一晚後快速煮沸至香氣溢出再倒入湯頭。前一天經熬煮而濃度增加的預備湯頭，搭配上當天燉煮的魚貝香濃湯頭，打造出風味不輸 5 種味噌特調醬的湯頭。

食材

動物系湯頭	
豬大腿骨	5kg
帶雞脖子的雞骨	2kg
雞爪	1kg
豬腳	2 隻
背脂	1kg
大蔥（綠色部分）	2 束
薑	1 大塊
大蒜	5 顆
胡蘿蔔	2 條
洋蔥	2 顆
高麗菜	¼ 顆
蘋果	1 顆
馬鈴薯	2 顆
和尚頭（叉燒用）	7 ～ 12 塊

魚貝系湯頭	
日本鯷魚乾	200g
羅臼昆布	50g
乾香菇	3 塊
柴魚片（厚切）	50g

味噌醬	
信州白味噌	1kg
信州白味噌	1kg
信州紅味噌	1kg
信州紅味噌	1kg
麥味噌	1kg
醬油	200mℓ
日本酒	200mℓ
味醂	30mℓ
薑（磨泥）	70g
大蒜（磨泥）	100g
辣椒粉	10g
白芝麻	10g

動物系食材是從認識超過 20 年的肉舖進貨。帶油脂的日本鯷魚乾、厚切柴魚片、昆布、乾香菇皆選用日產食材。

動物、魚貝的雙重湯頭

將豬大腿骨髓溢出的甘甜、雞骨的鮮味、雞爪與豬腳的濃稠、背脂的香醇均衡萃取出來，再加上蔬菜的甜美、魚貝的香味。

1

動物系食材先於前一天處理好。豬大腿骨汆燙後以流水清洗。雞骨汆燙後以流水清洗、除去內臟。雞爪汆燙後以流水洗去雜質。豬腳亦須洗淨。

2

把水倒進直徑 38 公分的高鍋至七分滿（約 50 公升）開大火煮，放入處理好的豬大腿骨、雞骨、雞爪、豬腳。

3

約煮 40 分鐘當沸騰的湯頭表面出現雜質，用約 1 小時的時間仔細撈除乾淨。黏著在鍋子上的雜質請以廚房紙巾抹除。

4

當雜質不再浮出便將豬背脂放入鍋中，熬煮約 3 小時至油脂融化變軟。

5

當背脂開始融化，用錐形濾網一邊過濾一邊以攪拌器攪拌，將其拌成細顆粒狀。藉此能讓油脂乳化，形成白濁的溫和風味湯頭。

6

把薑連皮切成薄片、大蒜對半切開、胡蘿蔔斜切。洋蔥剝皮後對切，蘋果則是連皮對切，馬鈴薯一樣對半切開。

7

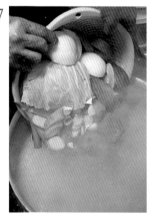

放入 **6** 的香味蔬菜，燉煮約 1 小時將香氣與甜味煮出來。關火後放在室溫下靜置一晚。

8

將日本鯷魚乾泡進 2 公升的水中，放一晚以汲取出鮮味。

靜
置
一
晚

9

隔天早上,將已靜置一晚的7的湯頭開大火煮。

10

當湯頭沸騰,放入7～12塊製作叉燒用的豬「和尚頭」(腿肉中特別柔軟的部位)。約煮4小時至和尚頭的肉質變軟後,放入濃口醬油浸泡一晚。

11

將浸泡一晚的小魚乾再加上5公升的水,並放入羅臼昆布靜置30分鐘。接著放入乾香菇、開大火煮,煮沸後再加上柴魚片煮15分鐘左右至飄出香味。

12

過濾11的魚貝系湯頭。

13

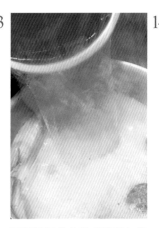

將過濾好的魚貝系湯頭加進和尚頭已燉煮約1小時的湯頭,即完成當天用的湯頭。

14

完成的湯頭在營業時間仍需持續以大火加熱。前一天營業所剩的湯頭經持續加熱而變得濃稠,將其混合上當天的湯頭一起使用。

POINT

豬大腿骨、雞骨、雞爪、豬腳煮8小時,蔬菜煮3小時,魚貝高湯煮1小時,藉由配合食材來調整熬煮時間,讓食材的鮮味能充分萃取,同時確保香氣與風味不會流失。將背脂煮軟後以錐形濾網及攪拌器使其融入湯頭,白濁又有滑順口感的湯頭即大功告成。

味噌醬

4種味噌中有各選用2種的偏甜白味噌與重鹽味紅味噌，加上帶獨特甜味的麥味噌，再混合上薑、大蒜、調味料，堆疊出飽滿鮮甜的醬料。

1 由於信州味噌能托出具層次的滋味，而將不同品牌的 2 種白味噌、2 種紅味噌加以調和。麥味噌使用甜味且香氣濃郁的長崎縣製品。5 種味噌以等比例調配。

2 將 5 種味噌全部放進鍋中。

3 將醬油、日本酒、味醂、薑泥、蒜泥、辣椒粉、白芝麻加進 **2** 中，開中火煮。

4 用鍋鏟一邊從底部翻攪、一邊用中火加熱。當味噌開始冒泡沸騰便轉成小火，拌煮約 30 分鐘使其均勻受熱。

5 拌好的味噌放在室溫下冷卻，之後移至保存容器，靜置一天待風味完全調和再使用。

湯頭的最後一步

將 30 毫升的味噌醬放入碗中，再倒入前一天煮好的濃醇湯頭與當天完成的湯頭共約 500 毫升再仔細拌勻。最後加上以大蒜、薑、沙拉油、豬油等調配成的香料油做為提味。

らぁ麺 胡心房
溏心蛋拉麺

動物系與魚貝系搭配出獨到的「魚豚骨」湯頭。
將前晚冷藏後挑除的油脂以定量加回湯頭後上桌

2005 年 5 月在東京町田開幕的「らぁ麵 胡心房」的基本款拉麵是使用老闆娘野津理惠所稱呼的一種「魚豚骨」湯頭，加上一種介於鹽味醬汁與醬油醬汁之間的醬製作而成。然後適度加上季節性菜色、健康套餐等獨特的菜單，提供多元化的選擇。

本店的前身是野津小姐的雙親曾在東京稻城開店的「虎心房」，當時所製作的湯頭是用比內地雞熬煮出的澄透醬油湯頭，以及使用牛、豬、雞三種骨頭燉煮出名為「白湯三骨」的白濁湯頭。雖然這兩種湯頭吸引了不少常客光顧，最後卻因區域重劃而不得不遷店。在因緣際會之下於現在的地點重新開店時，野津小姐從動物系及魚貝系這兩種湯頭中「各取優點」，改良成如今的湯頭。

野津小姐表示「雖然製作兩種湯頭讓我學到很多，但有兩種湯頭並不代表這就是好事」。現在的湯頭是使用豚骨類和魚貝類的食材，須經過第一天泡水、第二天花上約 10 小時去熬煮、第三天再挑除油脂並攪拌已成膠狀的湯頭即大功告成。藉由先將凝固的油脂挑出來再重新加回去的方式，便能做出含有固定油脂量的湯頭。

食材

魚貝高湯 A

本枯節柴魚片（塊）	100g
花腹鯖魚乾片	200g

魚貝高湯 B

竹莢魚乾	200g
沙丁魚乾	150g
乾香菇腳	150g

主湯頭

豬大腿骨（一次加工的冷凍豬骨）	8kg
豬頭肉	1.6kg
豬皮	2kg
粗粒油脂（將豬背脂絞成粗粒）	3kg
大蔥（綠色部分）	400g
大蒜（橫向對切）	2 顆
薑（逆紋切）	90g
胡蘿蔔	1 條
高麗菜	300g
白菜心（限冬季，夏季則增加高麗菜的量）	250g
芹菜葉	適量
辣椒	5 條
洋蔥	2 顆
花山椒	0.5g
胡椒	25g

簡單切過的本枯節柴魚片、已去頭的花腹鯖魚乾片（右上圖）。動物系食材除了有豬大腿骨（右下圖、右下）、豬頭肉、豬皮，特色在於還加上了將背脂絞成粗粒的「粗粒油脂」（右下圖、左上）。

豚骨魚貝湯頭

早上開始煮動物系、魚乾片類食材，每30分鐘加一次水。
晚間營業時再加入蔬菜和魚乾類的高湯，以香味判斷湯頭是否完全融合。

1
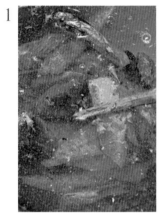

將魚貝高湯 A 的食材放入調理盆中泡水，於室溫下靜置一晚。選用塊狀的本枯節柴魚片並加以搗碎，會比厚片還要更容易讓鮮味與風味確實融入湯頭。

2

將魚貝高湯 B 的食材放入鍋中加水冷泡，萃取精華。須用盤子壓住以防食材浮起，之後放進冰箱。從冰箱取出隔天會用上的冷凍豬骨，放在室溫下解凍。

靜置一晚

3

將解凍的豬骨和豬皮放進 85 公升的高鍋，倒入 50 公升的水，從早上 10 點開始熬煮。接近煮沸時開始撈除雜質，將已泡發的魚貝高湯 A 和粗粒油脂同時放入。

4

沸騰後蓋上鍋蓋再煮 8 小時。設定計時器，每 30 分鐘務必加水一次並充分攪拌。加水後須暫時將火開大。

5

8 小時後先將火力開到最大，並放入熬湯用的蔬菜。

6

再過 20 分鐘後，將泡發的魚貝高湯 B 加熱，在接近煮沸時倒入湯頭中。

7

徹底攪拌後蓋上鍋蓋，將計時器設成 3 分鐘。用嗅覺來判斷魚與豚骨的香氣是否融為一體，確定後便可關火。加入花山椒和胡椒，準備起鍋。

8

用帶柄濾網將骨頭、魚乾片、蔬菜類等撈起，再用單手鍋將湯頭以錐形濾網過濾、分裝進 3 個高鍋中。

9

將 3 個高鍋放進水槽後將水槽加滿水，在降溫的同時用濾網去除殘留於湯頭的細小雜質。每個高鍋皆須花上 5 ～ 7 分鐘撈除，方能完成迷人的湯頭。

10

在表面上的油脂凝固前完成 **9** 的步驟，將冰塊放入水槽中再次降溫，以做出一層漂亮的油脂。上層開始形成一層油脂，等整個湯頭冷卻再放進冰箱。

靜置一晚

11

隔天早上，將湯頭表面凝固的油脂移到別的容器。高鍋內由上往下分別是油脂層、褐色的鮮味成分層、湯頭，將鮮味成分層與湯頭一起留下。

12

湯頭層也已凝固成膠狀，但由於上層與下層的成分不同，須以攪拌器徹底攪拌均勻。

13

當客人點餐再將 300 毫升的湯頭倒入小鍋加熱，並將事先刮下的油脂放 20 毫升回湯頭中，藉此在供餐時便能使湯頭含有固定的油脂量。油脂須先隔水加熱成透明的狀態在旁邊備好。

POINT

會漸漸釋放出鮮味的本枯節柴魚片及花腹鯖魚乾片從早上便放入鍋煮，不想讓其發出苦味的魚乾則在快煮好前再加進湯頭。由於魚乾的內臟也有獨特的鮮甜便不將其剔除，整隻放下去煮。

麺屋 藤しろ
濃厚雞白湯拉麺

匯集雞肉的精華、更增香氣的雞白湯。
濃醇卻不失爽口順喉的餘韻留存

說到雞白湯，大多店家都是推出如濃湯般濃郁綿密的湯頭，然而「麵屋 藤しろ」的老闆工藤泰昭的目標是「濃郁卻又清爽順口，讓人想吃光光的一碗麵」。為避免太過膩口，湯頭並沒有富含膠原蛋白的雞爪和豬腳，而是以大山雞的全雞和雞架子、脖子骨為底，加上牛骨、牛筋肉、香味蔬菜，熬煮出兼具層次與輕盈不膩的湯頭。

打造出風味基礎的全雞、雞骨、牛骨須用大火加熱約 8 小時才能使鮮味達到最高峰。牛筋肉先用平底鍋煎成金黃色再放入湯鍋，藉此能讓焦香氣味伴隨肉的精華、脂肪的甘甜融入湯裡。這種將肉香煎過再加入的手法，工藤先生透露是在學徒時代從法國菜與西餐學到的「小牛高湯的前置作業中獲得靈感」。牛筋肉須燉煮 6 小時，藉以熬出純淨的鮮味。

另一方面，為了不蓋過雞的風味，蔬菜類僅用大蒜、洋蔥、薑。大蒜煮 3 小時、洋蔥及薑則燉煮 2 小時，使其香味各自顯現出來並封住動物系食材的腥味。此外，湯頭並未加入以大火熬煮便會失去風味的魚貝類食材，這也是本店的特色之一。改將柴魚片、鯖魚乾片、昆布連同乾香菇一起加進醬汁，使其在碗中與湯頭交融時能散發出魚貝類的香氣。

食材

雞白湯

雞脖子骨	20kg
雞架子	40kg
全雞（大山雞，蛋雞）	1 隻
全雞（種雞）	半隻
全雞（廢棄雞）	約 5kg
小牛大腿骨	1kg
牛筋肉	2kg
大蒜	13 顆
薑	1.7kg
洋蔥	16 顆

醬汁

鯖魚乾片	500g
柴魚片（厚切）	500g
日本鰹魚乾	650g
真昆布	300g
乾香菇	200g
大蒜（連皮切成三等份）	2 顆
薑（連皮切成薄片）	300g
淡口醬油	1ℓ
濃口醬油	1.8ℓ
日本酒	2.2kg
味醂	2.2kg

香料油

洋蔥（切碎）	4 顆
白絞油	適量
大蒜	170g
薑	300g

全雞選用每天早上皆以新鮮狀態進貨的大山雞之蛋雞。為了使種雞和廢棄雞更容易化入湯頭，採用已切對半的雞肉。小牛的大腿骨則用於添加骨髓的鮮甜。牛筋肉須先以平底鍋炒出焦香再放入湯鍋。

雞白湯

醬汁
（魚貝系風味）

香料油
（洋蔥、大蒜、薑）

雞白湯 | 將大山雞的全雞和雞骨燉煮到骨頭化開，搭配上小牛大腿骨的鮮甜、香煎牛筋肉的焦香、蔬菜的香味，成就醇厚又有後韻的雞白湯。

1

將已用流水洗淨且除去血水及內臟的雞脖子骨、雞架子骨放進直徑 60 公分的高鍋，水加到湯鍋 130 公升的刻度。放入雞脖子骨是欲藉由脂肪較多的部位來增添濃醇感。

2

將大山雞的全雞、切成對半的種雞和廢棄雞、以流水洗過的小牛大腿骨加進 1 的鍋中開大火煮。火力維持開大火煮到最後。

3

約 1 小時後，當凝固的血塊等雜質浮上來便以濾網撈除。

4

用木鏟從鍋底徹底翻攪，使附著在骨頭上的血塊等浮出表面，再將其撈除。

5

花 1 個小時重複 4～5 次 4 的步驟，不斷將雜質清除。此時要是將雜質清得太乾淨會使精華流失，請將淡色的雜質與白色泡沫留下。

6

將牛筋肉放進平底鍋，開大火加熱。在煎的同時一邊壓肉，將整體煎至焦香。

7

將 6 的平底鍋倒入 5 的湯頭，徹底刮除黏住的肉與肉汁，將肉與肉汁加進湯鍋中。

8

當灰色雜質不再冒出即蓋上鍋蓋。每 20～30 分鐘便反覆以木鏟敲碎骨頭，熬煮約 3 小時至水量剩 100 公升左右。

9

開始加熱後約過 5 小時，將已水平切成三等份的帶皮大蒜放進鍋中。為避免香氣逸失，之後才會加入薑與洋蔥。

10

為調整湯頭完成後的量與濃度，將水加到 120 公升的刻度。

11

加水後約煮 40 分鐘，再將切成薄片的帶皮薑片、逆紋切的洋蔥倒入鍋中。

12

倒入薑與洋蔥約 1 小時後，湯頭開始變乾，等濃度差不多便關火。

13

先用粗網格的篩網過濾湯頭，殘留在篩網上的骨頭等濾渣請用鍋子擠壓以榨出湯頭。

14

用錐形濾網再過濾一次，除去細小的筋、碎骨等。殘留在錐形濾網上的骨頭等濾渣一樣用鍋子施壓以榨出湯頭。

15

將盛裝湯頭的容器泡水冷卻。待充分冷卻後放進冰箱，靜置一晚使味道穩定下來。

POINT

為了讓湯頭在食材的鮮味與香氣最突出的時間點完成，而將所有食材分時段來熬煮，例如全雞、雞骨、小牛的大腿骨煮 8 小時，牛筋肉約煮 4 小時，大蒜煮 2 小時，薑和洋蔥煮 1 小時，火力隨時保持全開狀態。熬煮中數度以木鏟敲碎骨頭，藉此能確實將雞骨等食材中的精華萃取出來。

醬汁 | 發揮魚乾及魚乾片、昆布、乾香菇的鮮味，搭配2種醬油營造不膩口風味，魚貝系香味濃郁的醬汁為鎖住雞骨精華的湯頭賦予深層滋味。

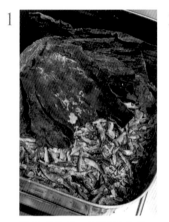

1
將鯖魚乾片、厚切柴魚片、日本鰹魚乾、真昆布、乾香菇片放入鍋中。

2
放入已水平切成三等份的帶皮大蒜與切成薄片的薑。

3
倒入淡口醬油。為了讓顏色彰顯出雞白湯的濁白色，醬油主要使用淡口款。再加上約兩成的濃口醬油以增添香氣和甘醇味。

4
倒入日本酒、味醂，開中火加熱。

5
當醬汁開始冒泡便徹底攪拌，在煮沸前熄火，靜置一整天讓味道融合。

POINT

由於將骨頭等食材熬爛再過濾出的雞白湯若加上魚貝類食材會使雜味溢出而走味，香氣也會隨著流失，因而改將柴魚片、昆布等加入醬汁來添加風味與香氣。將所有食材放入鍋內，加熱至接近沸騰而飄出醬油的香氣後，再放置於室溫下一天，徹底托出魚貝類的風味。

香料油

將洋蔥、大蒜、薑慢慢炒至金黃色，藉由加入已將甘甜、風味、焦香封住的香料油，端出令人吃第一口便印象深刻的拉麵。

1
將切碎的洋蔥放入鍋中，倒入白絞油使洋蔥與油的高度比例呈 1 比 1，開大火煮。

2
當油溫變溫熱即轉成中火。須不時攪拌以防洋蔥燒焦，加熱約 30 分鐘至整體呈金黃色。

3
將大蒜與薑去皮後，放入食物處理機打成粗丁，再放進鍋中。

4
開中火加熱，須持續攪拌以防止薑和大蒜黏住鍋底而燒焦。

5
約 20 分鐘後變成比金黃色更深的顏色。繼續加熱兼攪拌，使色澤、香氣達到理想狀態。

6
從 5 經過 3 ～ 5 分鐘。當整體呈深褐色即關火，為避免餘熱繼續加溫，將鍋子放入流水中急速冷卻。

POINT

洋蔥若以大火加熱會出現顏色不均的狀況，所以當油變溫熱即轉為中火，花時間慢慢使其均勻受熱。而在加入大蒜與薑後，須持續攪拌以免燒焦，待整體呈深褐色，立刻用水冷卻以防餘熱使其燒焦。

麵劇場 玄瑛 六本木店
XO醬燻伊比利豬玄瑛流拉麵

湯頭 ｜ XO醬燻伊比利豬玄瑛流拉麵（麵劇場 玄瑛 六本木店）

54

不使用豚骨，從肉汲取湯頭的鮮味。
增添深層香氣的自製XO醬亦為亮點

「麵劇場 玄瑛」福岡本店以無添加、無化學調味料的湯頭和自製的多加水麵為豚骨拉麵拓展出全新境界。老闆入江瑛起在製作拉麵上不斷挑戰，力圖使拉麵不受限於既有框架，即使在六本木分店也藉由與福岡本店截然不同的拉麵去面對挑戰。

「XO醬燻伊比利豬玄瑛流拉麵」最大的特色在於湯頭完全不使用豚骨熬煮。入江先生解釋「湯頭使用大腿骨時，其實是從骨髓而非骨頭中萃取鮮味，而比起骨髓，直接用肉熬出的鮮味會更加濃郁。所以法國菜是以肉來熬湯，也讓我決定把這個方式運用在拉麵上」。入江先生認為伊比利豬「肥肉的鮮甜特別出眾」而使用其絞肉。雖然還會連同日本豬的豬腳一同熬煮，但豬腳的作用在於為湯頭添加膠原蛋白並促進乳化，藉此提高濃度。湯頭以壓力鍋熬煮，大幅縮短作業時間。此外，做成濃縮湯頭能讓品質管理更有效率也是一大重點。湯頭除了醬油醬汁，還搭配上以蝦米、干貝做成的自製XO醬來添加深層香氣，在各個細節都力求特色。

食材
伊比利豬的濃縮湯頭

豬腳	3kg
伊比利豬的絞肉、肥肉	1kg
洋蔥	1顆
胡蘿蔔	80g
薑	40g
大蒜	40g
大蔥（綠色部分）	3根
馬鈴薯	1顆

100％純種伊比利豬是湯頭風味的關鍵，吃橡實長大的伊比利豬的肥肉鮮甜度格外優質。豬腳則是用於讓湯頭乳化。

蔬菜除了香味蔬菜之外還有馬鈴薯，品種選用男爵馬鈴薯，能像濃湯般促進湯頭的乳化，並添加馬鈴薯的甜味。

伊比利豬的
濃縮湯頭
（搭配熱水稀釋）

醬油醬汁

XO醬

伊比利豬的
濃縮湯頭

不用豚骨，選用伊比利豬的絞肉和肥肉來萃取精華以製作濃縮湯頭。
熬煮作業上與正統派湯頭大相徑庭的獨創食譜。

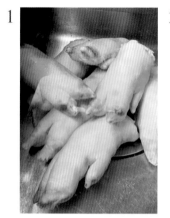

將豬腳泡水 2 小時以去除血水。

將伊比利豬的絞肉與肥肉、豬腳、馬鈴薯之外的蔬菜放入 20 公升的壓力鍋，把水加到最滿。

將 IH 爐設定成大火，約煮 30 分鐘，當雜質浮出便予以撈除。一旦煮沸，雜質便會融入湯頭，因此需在沸騰前徹底撈除雜質。

為使馬鈴薯更易融入湯頭，須先將馬鈴薯磨成泥再放進湯中。

蓋上壓力鍋的鍋蓋，以大火熬煮 70 分鐘。熄火後，再靜置 30 分鐘待鍋內的壓力下降。

在水槽放水，將掀開鍋蓋的湯鍋浸入水槽中，讓湯頭降溫。

從湯頭中撈起豬腳並除去骨頭，蔬菜則僅需挑除大蔥和薑。

以篩網過濾湯頭，將湯頭與煮過的食材分開。

9

10

11

POINT

由於使用的是伊比利豬的絞肉和肥肉，在萃取精華上並不會太耗時。而選用豬腳、馬鈴薯來促使湯頭乳化，也因採用壓力鍋而使豬腳燉軟的時間大幅縮短。

將去骨的豬腳、其他煮過的食材放入食物處理機，一邊倒入湯頭一邊攪拌。

啟動食物處理機，絞碎成膏狀即完成濃縮湯頭。將濃縮湯頭移至密閉容器、放進冰箱冷凍。

開始營業前再將濃縮湯頭倒入高鍋中，並以4倍的水量稀釋。

醬油醬汁

入江先生在製作醬油上靠自己反覆研究，終構思出獨家的醬油醬汁食譜。將作法發派給廠商製作的高湯醬油會配上以柴魚片、鯖魚乾片、臭肉魚乾、烤飛魚乾、香菇萃取而成的高湯，再加上味醂來調配出醬油醬汁。

XO醬

自製的XO醬為維持香氣的新鮮度，每隔2天便會做好備著。先將打碎的蝦米、干貝、香味蔬菜以麻油油炸約20分鐘，讓香氣融入油中。將湯頭加上XO醬時，由於蝦米和干貝會沉到碗底，上菜時會提醒客人在享用時可攪拌一下，湯頭的風味便會隨之變化。

貝汁らぁめん こはく
琥珀醤油麺

湯頭 ── 琥珀醤油麺（貝汁らぁめん こはく）

將貝類湯頭加上動物、魚貝系的雙重湯頭。
讓琥珀酸的鮮味凸顯出來的進化版拉麵

　　誠如「貝汁らぁめん こはく」的店名所示，本店的拉麵是以「琥珀酸」為主軸來烹製。做為湯頭主角的貝類所含的琥珀酸、昆布和雞骨的麩胺酸、豚骨和豬腳的肌苷酸所交融出的一碗拉麵，既嶄新又夾帶懷舊風味，以深具層次的滋味牢牢抓住客人的心。

　　約有超過一半顧客點餐而人氣最高的是「琥珀醬油麵」。做為底味的貝類湯頭使用了海瓜子、蛤蜊、蜆仔等3種，分別用3：3：1的比例，將蜆仔當成提味秘方，再加上日本酒和昆布來萃取高湯。與之調配的是使用雞骨、豬腳、豚骨熬煮的動物系湯頭，加上用日本鯷魚乾、黃帶鰺魚乾片、鯖魚乾片、昆布熬煮的魚貝系高湯合體而成的雙重湯頭。畢竟貝類才是主角，所以雙重湯頭是做成爽口而低調的風味。雖然剛開店時貝類僅用海瓜子一種，所以貝類湯頭的比例較低，但如今已將貝類的種類和貝類湯頭的量增加，進化成更彰顯出貝類鮮味的湯頭。

　　而琥珀醬油麵的麵條備有2種選擇，一個是添加濃濃小麥風味的全麥麵粉製作的直細麵，另一個是含水量高而能吃到彈牙口感的手工風中粗捲麵（參考109頁），增添選擇的樂趣。

食材

動物系湯頭

雞骨	5kg
豬腳	3kg
豚骨（肋骨）	3kg

魚貝系湯頭

日本鯷魚乾	250g
黃帶鰺魚乾片	50g
鯖魚乾片	50g
昆布	50g

貝類湯頭

海瓜子	1.5kg
蛤蜊	1.5kg
蜆仔	500g
日本酒	350mℓ
昆布	30g

醬油醬汁

味醂	1ℓ
日本酒	2ℓ
貝類湯頭	1ℓ
昆布	60g
干貝	100g
鹽	300g
濃口醬油	7.2ℓ

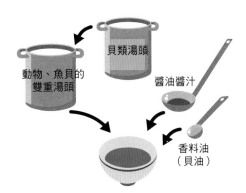

貝類湯頭

動物、魚貝的
雙重湯頭

醬油醬汁

香料油
（貝油）

奠定風味的海瓜子、蛤蜊、蜆仔等3種貝類是每天早上前往名古屋市內的柳橋市場採買而來。動物系湯頭的豚骨和豬腳會先汆燙過再水洗，藉此熬煮出沒有雜味的湯頭。

動物、魚貝的雙重湯頭

為了彰顯出主角的貝類湯頭，將動物系＋魚貝系的雙重湯頭製成低調風味。動物系湯頭透過燉煮豬腳來汲取明膠和鮮味。

1 將雞骨放進調理盆以流水清洗，一邊清除血水與內臟。

2 將豬腳放入煮沸的熱水中稍微汆燙，約 5 分鐘後放入篩網中以流水清洗。

3 為避免豚骨受熱不均，將量分成兩次下去汆燙。待骨頭變成褐色即開始撈雜質，沸騰約 3 分鐘後再取出豚骨。剩下的份量也須重複上述步驟。

4 用水清洗、除去血塊。

5 泡製魚貝系高湯。將日本鯷魚乾、黃帶鰺魚乾片、鯖魚乾片、昆布放入容器並倒入 4 公升的水，冷泡 3 個小時。

6 將 15 公升的水倒入高鍋（36 公升），再依序放入豚骨、雞骨、豬腳，開大火加熱。

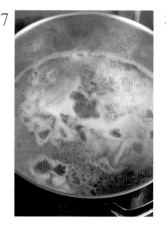

7 當湯頭煮沸便會浮出雜質，須開始將其撈除。轉成小火，繼續燉煮約 5 小時。

8 過程中若再出現雜質亦須適當撈除。

9

將 5 的魚貝系高湯連同湯料一同加入已熬煮約 5 小時的動物系湯頭。

10

以小火燉煮約 1 小時再關火。將所有湯料撈出來，待降溫後再放進冰箱靜置一晚。

靜置一晚

11

藉由放入冰箱靜置一晚來讓風味融合，形成圓潤的滋味。

貝類湯頭

用3種不同風味的貝類，搭配出具層次的風味。
藉由加入日本酒和昆布熬煮，完成富含深度的湯頭

1

將海瓜子、蛤蜊、蜆仔等 3 種貝類放入調理盆，以流水邊洗邊搓，徹底除去髒污。

2

在鍋內倒入 7 公升的水和 3 種貝類，再加入日本酒和昆布。蓋上鍋蓋開大火加熱，使其沸騰。撈完雜質再轉為小火，繼續燉煮約 30 分鐘。

3

湯頭燉煮 30 分鐘後會變得混濁，再次撈除雜質。

4

將火轉小後取出昆布，僅將湯頭移到另一鍋。由於帶殼的貝類還須用於拉麵的配菜，先將其分裝到保存容器，再放進冰箱冷藏。

醬油醬汁

飽含昆布和干貝鮮味的湯頭，搭配上圓融的濃口醬油
讓醬油醬汁也加上貝類的濃郁風味，為滋味十足的湯頭帶來清爽和深度。

1

將昆布與干貝加入味醂、日本酒、貝類湯頭約靜置半天。

2

將 1 以濾網過濾後倒入高鍋，開大火使其煮沸，讓日本酒的酒精揮發。加入鹽並以攪拌器拌勻，使其徹底溶解。

3

將 1 用過的昆布和干貝倒回 2 的高鍋中。

4

倒入濃口醬油後以小火加熱。須將火候維持在不沸騰的程度，燉煮約 20 分鐘使味道融合，再將昆布與干貝濾除。放在室溫下保存，須在約 1 週內用完。

湯頭的最後一步

1

在開始營業的 90 分鐘前，將放進冰箱靜置一晚的動物、魚貝系的雙重湯頭加上當天煮好的貝類湯頭，以小火煮 90 分鐘。

2

當客人點餐，再將 300 毫升的湯頭倒入單手鍋煮至沸騰。

3

在碗裡倒入 30 毫升的醬油醬汁、20 毫升的貝油（將大豆白絞油加上蔥、干貝、大蒜、薑所調味而成）。

4

將煮沸的湯頭倒入碗中。

支那ソバ かづ屋
擔擔麵

湯頭 ｜ 擔擔麵（支那ソバ かづ屋）

清湯和白湯優點兼具的湯頭。
「帶肉」的雞骨成風味秘方

創業於 1988 年，座落在新舊拉麵店櫛次鱗比的東京目黑，「支那ソバ かづ屋」維持著人聲鼎沸的繁景，始終如一。將雞骨與豚骨的湯頭加上魚貝類高湯，再搭配自製的彈牙細麵而成的「支那拉麵」是創業以來的招牌菜色。雖然這可說是東京拉麵最具代表性的風味，也因此獲得廣大客層的支持，但熱賣程度能與支那拉麵匹敵的是 2006 年加入菜單中的「擔擔麵」。

以自製芝麻醬、自製辣油來堆疊出醇濃風味的擔擔麵與支那拉麵使用同樣的湯頭。雖然是以雞骨和豬大腿骨經超過 6 小時熬煮出的清湯為基底，但老闆數家豐解釋「中式料理的清湯並不會將湯頭煮開。我們為了讓湯稍微煮沸，大致來說是介於清湯與白湯之間的湯頭」。因為「肉比骨頭更能為湯頭帶來鮮味」，雞骨選用還留有餘肉的「帶肉」骨。數家先生更表示「雞骨和豬大腿骨不使用冷藏或冷凍品，僅選用高鮮度的新鮮骨頭，就算不須除去血水等雜質，也能藉此熬出沒有雜味的湯頭」。採用瀨戶內海島波海道產的小隻魚乾所煮的魚貝高湯則有高雅的風味。芝麻醬僅以白芝麻製作，辣油也是 100％麻油，除了辣椒粉以外不添加其他辛香料。也因為湯頭的鮮味與風味達到完美平衡，才能和作法簡單的芝麻醬、辣油形成絕配好滋味。

食材

豬大腿骨	6kg
雞骨	17kg
豬肉（叉燒的剩肉）	約 5kg
全雞（老雞）	1 隻
洋蔥	2 顆
大蒜	適量
胡蘿蔔	2 條
薑	適量
香菜莖、芹菜葉等	適量

魚貝系湯頭

真昆布	100g
乾香菇	5 ～ 6 塊
混合魚乾片	
（鯖魚乾片、厚切柴魚片）500g	
日本鯷魚乾	1.6kg

豬大腿骨、雞骨皆使用日本產的新鮮骨頭。豬大腿骨僅採買富含骨髓的後腿部。此外，由於肉能用來添加湯頭的鮮味，雞骨會訂購骨頭上有肉殘留的「帶肉」骨。

魚貝系湯頭的食材中，日本鯷魚乾佔了超過七成的比例。瀨戶內海島波海道產的小魚乾為 4 公分左右的較小尺寸，能做出清爽且高雅的高湯。

魚貝系湯頭

動物系湯頭

醬油醬汁

芝麻醬

辣油

動物系湯頭

用新鮮的雞骨與豬大腿骨熬製的動物系湯頭。在湯頭微微沸騰的狀態下煮6小時，熬出滋味細膩的清湯與濃醇白湯之優點兼具的湯頭。

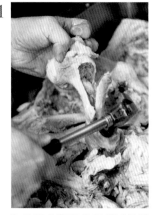

1

為使豬大腿骨的骨髓更易融於湯頭，以鐵鎚將骨頭敲成兩半。

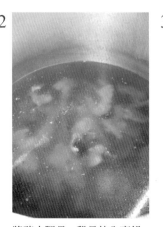

2

將豬大腿骨、雞骨放入高鍋，加水至水量蓋過食材再開大火。由於使用的是新鮮的豬大腿骨、雞骨，不須事先去除血水等雜質。

3

當湯頭快煮沸時雜質會瞬間冒出。要是湯頭煮沸，雜質便會融入湯中，請在接近沸騰前撈除雜質。

4

用來製作叉燒的豬里肌肉、豬腿肉各個部位皆採買1隻肉量的肉塊。由於叉燒在成形時會多出大量的剩肉（碎肉），將其放入湯頭中。

5

由於再過一段時間會有雜質從豬肉冒出，再次予以撈除。但要是撈除太徹底反而會失去鮮味，須將撈除的次數控制在兩次。

6

將全雞放入煮麵機浸泡約5分鐘汆燙，之後將多餘的血水等洗除。

7

放入豬肉約煮10分鐘後再加入全雞。

8

洋蔥維持原貌、大蒜以水平切半、胡蘿蔔和薑則帶皮切成大塊。當做配菜的香菜、用於副餐的芹菜及白菜等食材的剩料亦可活用。

9

放入全雞後，也將蔬菜放入湯頭中。

10

在煮沸前將大火轉為中火，將火候調節在能讓湯頭持續靜靜對流的狀態，蓋上鍋蓋熬煮 6 小時。

靜置一晚

11

隔天早上，開大火將湯頭煮至沸騰。

12

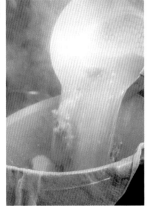

當湯頭煮沸便使用單手鍋裝起、倒入蓋上過濾布的篩網，將湯頭一邊過濾一邊分裝至 3 個較小的高鍋。

13

將 3 個高鍋內的湯頭以單手鍋盛起、倒入別的高鍋中，使湯頭的濃度均一。

14

完成的動物系湯頭呈微微混濁的狀態，濃度介於清湯與白湯之間。

POINT

湯頭的熬煮時間約為 6 小時。藉由將火候控制在能讓湯頭靜靜對流的狀態下，可煮出鮮味比清湯還要濃郁、又不如白湯膩口的絕佳平衡湯頭。此外，為了激發出湯頭的鮮味而選用帶餘肉的雞骨、用於叉燒的豬肉剩肉、老雞的全雞，對「肉」的重視也是一大特色。

魚貝系湯頭

瀨戶內海島波海道產的小魚乾是魚貝系湯頭的提味關鍵。
為了維持香氣的鮮度，放入魚乾片類和小魚乾約煮30分鐘即起鍋。

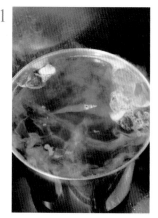

1
將昆布、乾香菇浸水冷泡一晚，隔天早上開小火煮。

2
由於昆布若煮沸會冒出苦味，須在湯頭接近沸騰前取出昆布。

3
依序放入鯖魚乾片和柴魚片的混合魚乾片、日本鯷魚乾。

4
燉煮至表面有細小氣泡持續冒出的微微沸騰狀態，再煮30分鐘。

湯頭的最後一步

1
將蓋上過濾布的篩網掛在裝有動物系湯頭的高鍋邊緣。用單手鍋盛裝魚貝系湯頭，邊過濾邊倒入動物系湯頭中。

2
營業時間時，以文火來事先將湯頭加熱好。僅使用當日製作的湯頭，絕不用隔夜湯。

芝麻醬

自製芝麻醬僅用白芝麻製作，絕不添加麻油、辛香料等其他食材，以簡單製法托出芝麻的美味。約以每 2～3 天製作一次的頻率事先做好芝麻醬，將 600 公克的白芝麻放入食物處理機攪拌 10 分鐘成泥狀。

辣油

醬油醬汁

辣油以每 10 天製作一次的頻率事先備好，油選用 100 % 麻油。將 6 公升的麻油、500 公克辣椒粉連同切成大塊的蔥、洋蔥、大蒜等香味蔬菜一起用中火拌炒。須留意不可讓食材燒焦，煎大約 15 分鐘至辣椒的水分蒸發。

「支那拉麵」與「擔擔麵」所使用的醬油醬汁。將鮮味濃郁的髭田醬油「本膳（純釀造醬油）」加上鹽、砂糖、酒、味醂、昆布、胡蘿蔔、薑、洋蔥、大蒜等，調配出不搶味又有滑順口感的醬油醬汁。

第2章

製麵的技術

越來越多店家為了做出更具原創性的拉麵，連麵條也講求自製。能依據自家湯頭去調整麵粉的成分、麵條的粗細等條件，也是自行製麵的強項。在此將為您介紹「麵劇場 玄瑛 六本木店」的製麵方式。

麵劇場 玄瑛　六本木店

立志做出「與任何湯頭都百搭的麵」
含水率47％、全蛋10％成分的多加水麵

　「麵劇場 玄瑛」在 2003 年於福岡開設第一家店時便採用自製麵
條。雖然菜色上提供豚骨拉麵、醬油拉麵、擔擔麵等選擇,老闆入
江瑛起仍將目標設在「製作出能配合湯頭改變風貌、與任何湯頭都
百搭的麵條」,因而僅供應一種麵條。小麥粉只選用熊本製粉的「龍
翔」,這是一種具有高粘彈性的中高筋麵粉,因為它與玄瑛的賣點
「彈牙的多加水麵」相當符合而下此判斷。雖說福岡的拉麵店是以
低加水麵為主流,入江先生表示「更能釋放出鮮味與甘甜正是多加
水麵的長處。在口感上,我們希望做出能在口中彈開來的麵條」。

　至於麵的加水率,若包含全蛋則高達 47%,而全蛋所佔成分的比
例也多達 10%。入江先生解釋「大量用蛋是為了讓麵條增添彈性與
甜味。小麥粉的麩質與蛋的蛋白質、鹼水可說是一拍即合,時間越
久越有彈性」。在攪拌作業上,重點在於在水中加入冰塊,藉此能
使麵糰緊實,而冰塊的用量須視季節和氣溫來調整。由於入江先生
在獨立開店前曾於麵粉公司的研究室鑽研麵粉,所以店裡的獨門製
麵機是與製麵機廠商共同研發。做好的麵條會放進恆溫恆濕箱使其
熟成一週。Q 彈有嚼勁、吃得到小麥粉滋味便是此麵條的一大特色。

食材

鹼粉	370g
水	3.25ℓ
全蛋（L 級）	47 顆
冰塊	夏 6.85kg、冬 5.4kg
小麥粉	
（熊本製粉「龍翔」）	25kg

小麥粉是使用100％的「龍翔」中高筋麵粉，其特色在於含有高蛋白質且麵粉本身帶有甜味。用來製麵的麵糰具有彈性、表面呈細膩而濕潤的狀態。

與製麵機廠商真崎麵機經過百般商量所打造出的獨創製麵機，現有的機器是創業以來第二台。馬達的動力高，適合用於製作多加水麵。

1

測量 370 公克的鹼粉，加上18 公升的水後攪拌。由於鹼粉難溶於水，須用攪拌器仔細拌至沒有結塊。

2

敲開 47 顆生蛋（L 級）。建議分成一次約敲開 10 個蛋，若有蛋殼掉落也較易取出。

3

用攪拌器將雞蛋的蛋黃打散，再連同蛋白一起慢慢攪拌以防起泡。若打到起泡，在加入麵粉時會使麵條變得鬆散。

4

將鹼水倒入蛋汁後，加入冰塊以及 1.45 公升的水。冰塊的量須視氣溫調整，夏季6.85 公斤、冬季 5.4 公斤。加水量以 47％為基準。

5

將小麥粉、已加入冰塊和雞蛋的鹼水依序倒入攪拌機，開始攪拌。

6

須在途中停機以檢查麵糰的狀態，攪拌完成的時間點以冰塊融化的瞬間為佳。藉由觸摸麵糰來確認冰塊是否完全融化，再將麵糰下放至下方的托盤中。

7

將麵糰分成三等份，分三次各別放入複合壓延機。後面才要放入的部分須先用塑膠袋蓋住，以免麵糰變乾。

8

粗整作業。將攪拌好的麵糰放入複合壓延機、輥隙的寬度調整成 6 公釐，延展成一捆麵帶再用擀麵棍捲起來。

9

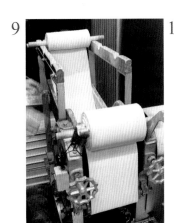

複合壓延作業。用兩根擀麵棍將麵帶分成兩捲差不多大的麵帶捲，再將兩片麵帶疊在一起，以 8 公釐的輥隙寬度來壓延。這個步驟須重複三次。

10

將完成複合壓延作業的麵袋以塑膠袋包起，靜置 2 小時。麵糰在這段期間會變黃，觸感也會變得濕潤。

11

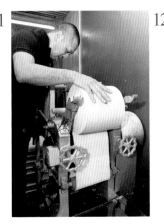

重複四次壓延作業，麵糰彈性也隨之增強。起初從 6 公釐開始，之後慢慢將輥隙的寬度調小，最後將麵糰壓薄至 1 公釐厚。

12

切斷作業。將麵帶掛上滾輪，用 22 號（裁切寬 1.4 公釐）刀片將麵糰切成 23 ～ 24 公分的長度，切好的麵條以手工分束、移至密盆中，一球麵的量為 125 公克。麵條須熟成一星期才可使用。

五花八門的中華麵

細麵

手打粗麵

鹽味細麵

鹽味扁麵

味噌粗麵

麵や維新
→ 參考8頁、94頁

將「春戀」、「北保奈美」、「夢之力」等北海道產高筋麵粉與全麥麵粉混合而成的麵粉來自行製麵。用於招牌菜色的細麵含水量為35～38％，將麵糰壓延後以18號刀片切成扁麵。含水量40％的手打粗麵用於姐妹店「維新商店」，而在「麵や維新」則用於「比內地雞的雞油拉麵」等限期推出的菜色。

饗 くろ㐂
→ 參考18頁、98頁

「饗 くろ㐂」有三種麵，週五營業的「紫 くろ㐂」則使用四種自家製麵。「鹽味拉麵」可選擇細麵或扁麵，細麵是有濃濃樸實風味的「春豐全麥麵粉」加上「夢之力」混合，藉此彰顯小麥的香氣。扁麵是選用北海道產製麵粉加以調配，做出來的多加水麵以彈牙的口感為特色。「味噌拉麵」則使用內含烘烤過的麥麩粉所製作的粗麵。

麵処 まるは BEYOND
→ 參考14頁、96頁

所有拉麵皆使用京都「麵屋棣鄂」的麵條。「中華拉麵」用含水量低而有嚼勁的方中細麵，沾麵用能牢牢沾附醬汁的扁方粗麵，根據各種麵想營造的風格來請麵廠專屬打造。「背脂味噌拉麵」用的老式札幌麵則定調為古早味的口感，有稍強的捲度與咬勁、Q彈的彈性。

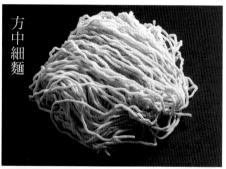

方中細麵

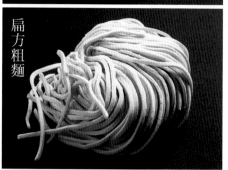

扁方粗麵

老式札幌麵

細捲麵

中粗直條麵

直條細麵

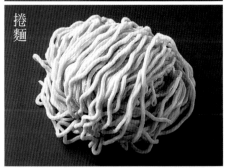
捲麵

方扁直條麵

麵処 銀笹

→ 參考 24 頁、99 頁

從東京東久留米的三河屋製麵的原有產品中選擇,「銀笹拉麵」、「銀笹沾麵」選用能將本店的清爽湯頭吸附起來的細捲麵。拉麵一人份的麵量為 150 公克,沾麵則用上 225 公克。「焦香味噌濃湯麵」等冬季限期餐點會選用中粗直條麵(一人份 160 公克)。

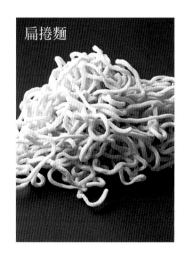
扁捲麵

東京スタイル
みそらーめん
ど・みそ 京橋本店

→ 參考 34 頁、101 頁

從創業當時便使用淺草開花樓的訂製麵條,扁捲麵本身氣味香濃,又能完美搭配味噌風味濃醇的湯頭。麵條以國產小麥粉加上木薯粉來托出小麥風味,同時不失彈牙而有韌性的口感。

我流麵舞 飛燕

→ 參考 30 頁、100 頁

麵條皆用北海道產小麥製作。直條細麵來自札幌相模屋製麵,用於「魚貝雞鹽白湯」。而「飛鹽」的捲麵以及沾麵的方扁直條麵是選用札幌人氣店家「麵 eiji」的獨創麵條。捲麵的特色在於北海道產小麥品種「RuRu Rosso」的強勁彈性與優質風味。

拉麵用

沾麵用

味噌らぁめん 一福
→ 參考 39 頁、102 頁

拉麵用的麵條企圖向札幌拉麵靠攏，使用能沾附湯頭、有滑溜順喉感的中粗捲麵，標準份量 150 公克，煮麵時間 2 分鐘。沾麵用的是以北海道產「春戀」製作的中粗扁麵，既彈牙又滑順入口，散發出小麥的香氣。標準份量 240 公克，煮麵時間 5 分 30 秒。兩者皆由三河屋製麵製作。

標準細麵

蒟蒻麵

拉麵用

沾麵用

五花八門的中華麵

らぁ麵 胡心房
→ 參考 44 頁、104 頁

標準麵條是向神奈川相模原的中根製麵特別訂製，以國產小麥的混合麵粉加上兩成的石磨全麥麵粉製作而成。細麵以 22 號的長方形刀片切麵，粗麵則切成粗扁麵。右圖為「健康套餐」用的蒟蒻麵，做成類似麵條的形狀。

麵屋 藤しろ
→ 參考 48 頁、105 頁

拉麵麵條的俐落口感與濃醇的雞白湯很對味，使用的是菅野製麵所善於吸附湯頭的低加水直條麵，標準份量 130 公克，煮麵時間 2 分鐘。沾麵則用心之味食品 100％國產小麥而有極佳香氣的中粗直條麵，據稱是「為了使用這款麵而研發出容易吸附的沾麵醬汁」。標準份量 200 公克，煮麵時間 6 分鐘。

中細麵

支那ソバ かづ屋
→ 參考 64 頁、106 頁

「支那拉麵」和「擔擔麵」用的中細麵、「沾麵」用的兩種中粗麵為自家製麵。中細麵、中粗麵皆使用日穀製粉製造的中華麵用麵粉「牛若」，中細麵的含水量為 37％、中粗麵為 40％。兩種都盡可能減少鹼水的用量，藉由以麵帶的狀態靜置一晚再製麵的方式來激發出彈牙的嚼勁。

直條細麵（添加全麥麵粉）

貝汁らぁめん こはく
→ 參考 58 頁、108 頁

使用兩種麵條，添加全麥麵粉的直條細麵來自名古屋的林製麵所，而手工風中粗捲麵是從東京的三河屋製麵進貨。帶小麥香氣的細麵用於醬油與鹽味拉麵，中粗麵則考量到麵對湯頭的掛湯力而用於搭配味噌拉麵與油拌麵。每種麵的一人份皆使用 140 公克。

手工風中粗捲麵

第3章

配菜的技術

叉燒、雲吞、溏心蛋、筍乾等配菜是拉麵不可或缺的知名配角。近年來叉燒開發出低溫調理、雞肉叉燒等多采多姿的可能性，還有魚丸等特色配菜登場，藉由讓配菜更上一層樓來提升顧客的滿足度。

饗 くろ㐂
叉燒

先用烤箱將表面烤成金黃色
再用低溫調理讓裡面徹底熟透

「鹽味拉麵」（參考 18 頁）使用豬肩里肌的烤豬肉與雞胸肉的叉燒，「味噌拉麵」（參考 132 頁）是豬五花的滷豬肉，而「鴨肉拉麵」（參考 132 頁）則是低溫調理的鴨里肌肉。雖然「饗 くろ㐂」配合各種拉麵的特性而分別使用四種不同的叉燒，但也必須強調每個選擇都能看出老闆黑木直人的卓越廚藝發揮在各個細節。

至於為何鹽味拉麵不用滷豬肉，而是以烤豬肉製作叉燒，黑木先生解釋「鹽味拉麵的湯頭有濃郁的柴魚片高湯風味，為了搭配高湯，我們認為叉燒也必須烤出焦香味」。為凸顯出豬肉的紅肉鮮甜，選用肩里肌肉而非五花肉。叉燒醬汁也僅用醬油、酒、味醂調配，不使用多餘的調味料，藉此彰顯出肉質的鮮美。

此外，調理的重點在於低溫加熱。先用烤箱將肉的表面稍微烤過，再將肉放進真空包裝中隔水加熱 3 小時。將溫度控制住以避免肉的蛋白質凝固，慢慢加熱至中心，便能做出肉質不會乾柴又有適當嚼勁的叉燒。

食材

豬肩里肌肉	5kg
叉燒醬汁（醬油、酒、味醂）	
	適量

1

將豬肩里肌肉豎切成兩半。為了做出能凸顯紅肉鮮甜的叉燒，須將多餘的油脂切除。

2

灑上鹽巴後靜置 5 ～ 10 分鐘。此舉並非調味，真正的目的是藉由灑鹽來除去肉的多餘水分，使肉能更易吸收醬汁。

3

用棉線綁肉。線的綁法不能太緊也不能太鬆，綁的時候須將肉的邊角綁圓，方能做出形狀漂亮的叉燒。

4

叉燒醬汁是將濃口醬油、酒、味醂以 2：1：1 的比例所調配，是一種醬油味比和食的幽庵地醬還要偏強的簡單醬汁。

5

將豬肉與醬汁放進塑膠袋中，放入冰箱冷藏並徹底浸泡兩天。由於醬汁較不易滲入肉相疊的地方，過程中需翻動肉來讓整塊肉都能浸泡到醬汁。

6

放進預熱到 350℃的烤箱中烤 10 分鐘。烤箱加熱的目的在於使肉的表面呈金黃色、增添焦香風味。

7

將豬肉放進塑膠袋。由於店內沒有真空包裝機，可將塑膠袋泡入水中讓水壓把空氣擠出，接著再將袋口封好，便完成了簡易型的真空包裝。

8

將水倒入高鍋並加熱至 60℃左右，再將放入真空包裝的豬肉浸泡約 3 小時隔水加熱，花時間使肉的中心熟透。

9

由於事先切好的叉燒容易流失風味，待客人點餐再來切塊。

將雞胸肉泡過以醬油為底的醬汁後用65℃真空調理，
煮出與滿滿雞肉精華的湯頭相襯的溫和風味

麵や維新
雞肉叉燒

「麵や維新」備有綿密軟嫩的雞肉叉燒、以豬里肌肉做的滷豬肉叉燒共兩種。除了僅使用豬肉叉燒的「醬油拉麵」等數種菜色之外，大多的拉麵、沾麵都以雞肉叉燒做為配菜。

老闆長崎康太表示「因為有許多人不敢吃較肥膩的豬肉叉燒，而雞肉叉燒與喝得到比內地雞鮮甜的湯頭非常對味，我們就藉此來展現出本店風格」。雞肉使用胸肉，泡醃漬液醃製一晚再低溫調理，能避免肉質較乾的胸肉逸失水分及鮮味，煮出飽滿的口感。完成後放進冰箱冷藏，再切成 2～3 公釐的厚度使用。

食材

雞胸肉	8kg	細砂糖	80g
醃漬液		辣椒（切成圓片）	少量
水	3ℓ	黑胡椒	適量
濃口醬油	200mℓ	薑泥	適量
鹽	560～640g	迷迭香	1 根

1

去除雞胸肉的皮、切除血管與筋。

2

將迷迭香以外的醃漬液食材全部倒在一起，用攪拌器拌勻。

3

將雞胸肉浸泡在醃漬液中，再把迷迭香放在上方，蓋上鍋蓋放進冰箱靜置兩天。

4

將浸泡醃漬液兩天的雞胸肉以真空包裝用的塑膠袋分裝並鋪平，每袋 3～4 片，將空氣擠出後用封口機密封起來。

5

將水倒進高鍋後加熱，把裝袋的雞胸肉以直立的狀態放入鍋中浸泡，加熱 70 分鐘。

6

從熱水取出後待其降溫，再以塑膠袋裝的狀態放進冰箱冷藏。

大量使用以新鮮的豬絞肉製作的肉餡，
用自製的厚麵皮包裹住再加熱煮熟

支那ソバ かづ屋
雲吞

「雲吞麵」是「支那ソバ かづ屋」的長銷菜色，這裡的雲吞最大特色在於使用了自製麵皮與滿滿的肉餡。兼具滑順的口感與彈牙的嚼勁，好吃到與市售的麵皮高下立判。麵皮包入經用心揉勻的飽滿肉餡，充滿鮮美滋味的多汁肉味在口中擴散開來。肉餡選用國產豬的紅肉部位，吃得出肉的原始風味與恰到好處的嚼勁。因注重新鮮度，會要求肉販在接單後才絞肉。送來的絞肉加上拉麵的醬油醬汁使風味融合，加蠔油則能添加濃醇香。下鍋煮時會用大量的熱水使其漂浮。若肉餡較多，外皮會在肉餡熟透前先化開，所以麵皮會做稍厚一些。

食材（約200顆）

豬絞肉	2kg	支那拉麵用的		
洋蔥	166g	醬油醬汁	180mℓ	
大蔥	83g	胡椒	½ 湯匙	
薑	50g	蠔油	1 湯匙（約25mℓ）	
調味液（將以下食材攪拌均勻）		老酒	1 湯匙（約25mℓ）	
麻油	75mℓ	雲吞皮	約 200 片	

1

將豬絞肉以及切碎的洋蔥、大蔥、薑放入調理盆，倒入調味液。

2

用掌心盡可能貼合調理盆的方式將食材均勻揉合，重點在於須以固定方向迅速揉捏。

3

均勻揉捏約 5～10 分鐘，當肉餡產生黏性而會沾黏調理盆時，將其移至淺方盤中。

4

在麵皮中央放上 10 公克的肉餡。

5

將麵皮對折並捏出皺摺來包住肉餡，類似製作晴天娃娃的手感。

6

客人點餐後再將雲吞放入微微沸騰的熱水中煮 3 分鐘，須留意不能讓雲吞互相黏住。最後 1 分鐘再加入麵條一起煮。

麺処 銀笹
鯛魚丸

淡粉紅色的高雅色調和爽脆口感
處處講究的鯛魚肉泥丸

　　會在拉麵上放上 2 粒做為配菜的「麺処 銀笹」鯛魚丸包有櫻花蝦，呈現微微透出粉紅色的外觀。本店對鹽與昆布的講究精神也在此發揮，煮鯛魚丸的湯汁會加上鹽與昆布茶來簡單調味。此外，春夏還會加上竹筍、秋冬則是蓮藕，藉此添加爽脆口感。先將竹筍或蓮藕切丁，之後裹上太白粉使其能和魚漿緊緊黏附。以三天製作一次的頻率預先做好三天份，連同將魚丸煮熟的湯汁一起放進冰箱冷藏。為了讓魚丸保持在最佳狀態，魚丸煮至飽滿便須立刻撈起來冷卻，以防繼續加熱，煮魚丸的湯汁也要另外冰起來，之後再與魚丸一起放進密閉容器冷藏。

食材

鯛魚肉	1kg	蛋白	2 顆份
乾櫻花蝦	142g	白醬油	10mℓ
薑	350g	日式太白粉	60g
大蔥	5 根	水煮竹筍	3kg
白肉魚的魚漿	6kg	鹽	14g
全蛋	2 顆	昆布茶	18g

使用鯛魚肉及白肉魚的魚漿。春夏會另外加上竹筍，秋冬則加上蓮藕來增添爽脆口感。

1

將鯛魚肉、乾櫻花蝦、薑、大蔥分別放入食物處理機分次絞碎。

2

將 1 放入同一個調理盆中。

3

將白肉魚的魚漿約分成四次放入食物處理機絞碎，再加上全蛋、蛋白、白醬油、2 一同攪拌均勻。

4

將水煮竹筍切丁後氽燙 5 分鐘，處理乾淨後泡水靜置。之後將水濾乾再裹上日式太白粉。

5

將 4 加進 3 一同攪拌均勻。

6

將一大鍋水煮沸，放入鹽、昆布茶，再將 5 邊捏成球狀邊放入鍋中加熱。

7

在煮的過程中不時撈除雜質，當魚丸全部浮上表面便將其撈起，放在淺方盤上冷卻。

8

將煮魚丸的湯汁浸入冰水快速冷卻，以防止走味。

9

將冷卻的魚丸與煮過的湯汁一起放進密閉容器，藉此保住口感與風味的最佳狀態，放進冰箱冷藏。

泡入以麵味露和魚乾粉調配出的清淡醬汁
製成散發海鮮香氣、濃稠又香醇的溏心蛋

麵屋 藤しろ
豐潤溏心蛋

藤しろ的「豐潤溏心蛋」一吃進口中便會散發出海鮮的溫和香氣。不亞於濃郁雞白湯的風味，更在拉麵中佔有一席之地的滋味與香氣，是將鯖魚乾粉、柴魚粉、麵味露、水調配後，只以簡單的醬汁浸泡方式完成，不特別加熱，發揮食材最原始的風味。製作上直接使用市售的麵味露及魚乾粉，老闆工藤泰昭解釋「這是我們為了做出能彰顯魚類香氣的溏心蛋而想的對策。當時可是費盡心思找出不會每天變調、能做成固定風味的方法」。為避免蛋因浸泡時間不同而產生差異，因此將浸泡的醬汁調成清淡口味。即使浸泡時間較長，鹽味也不會過濃的精心設計也是特色之一。

將蛋放入煮沸的熱水中煮 6 分 20 秒。蛋浸泡於醬汁 8 小時到一天的時間內，鹽分會適度滲入蛋黃，形成濃稠的半熟蛋。

食材（100顆）

生蛋（MS 級）	100 顆		柴魚粉	2 大匙
A 鯖魚乾粉	2 大匙	A	麵味露	450mℓ
			水	650mℓ

1

為避免蛋殼裂開，以細針在氣室所在的底部刺個洞。

2

將 **1** 的蛋放入篩網中，泡入煮沸的熱水中煮 6 分 20 秒。煮好後沖冷水冷卻再來剝殼。

3

將 **A** 的食材混在一起攪拌。

4

將 **2** 的水煮蛋浸泡於 **3** 的醬汁。

5

蓋上廚房紙巾，放進冰箱中冷藏。

6

靜置超過 8 小時方可使用。

麵屋 藤しろ
滷竹筍

沒有怪味、嚼勁極佳的麻竹筍
將飽含柴魚片和昆布精華的和風高湯之鮮美吸附起來

「因為我很怕筍乾特有的發酵味而開始尋找替代的食材，最後決定用有嚼勁的麻竹筍」工藤老闆解釋道。麻竹筍選用已切成厚約 2 公釐片狀的水煮竹筍罐頭，調味上則以富含柴魚片與昆布鮮味的和風高湯來做出清爽口味。

製作高湯是先將柴魚片、昆布、水一同加熱至接近煮沸，再靜置約 4 小時來萃取精華。過濾出高湯後加上濃口醬油、日本酒、味醂，最後再放入麻竹筍，煮沸便關火，在滷汁逐漸冷卻的同時，讓竹筍徹底吸收味道。在保留爽脆而恰到好處的口感之餘，吸附高湯鮮味的麻竹筍還吃得出淡淡的柴魚片香氣。這就是與香濃的雞白湯、俐落口感的低加水麵交織出完美平衡的高雅風味滷竹筍。

食材（約200顆）

	水	6.6ℓ
A	柴魚片（厚切）	300g
	真昆布	50g
水煮竹筍（切片）		7.2kg
濃口醬油		600g
日本酒		240g
味醂		240g

1

將 A 的食材放進鍋中加熱，接近沸騰便熄火，維持此狀態靜置 4 小時來萃取精華。

2

將已用流水清洗並瀝乾的水煮竹筍放入鍋中，將 1 的湯汁邊過濾邊倒入，再加入濃口醬油、日本酒、味醂。

3

開中火加熱，沸騰便關火。

4

放在室溫下冷卻，冷卻後再用密閉容器分裝、放進冰箱冷藏。

らぁ麺 胡心房
筍乾

配菜

筍乾（らぁ麺 胡心房）

將花兩天除去發酵味等雜味的
筍尖筍乾燉軟，
成就拉麵裡的重要副食地位

在「らぁ麺 胡心房」，筍乾被視為形同拉麵副食般的重要地位。此外，由於拉麵上頭還會擺上新鮮蔬菜，為了與蔬菜的爽脆口感做出對比，而將筍乾燉得較為軟嫩。為了除去水煮筍尖筍乾的發酵味等雜味，會先浸泡逆滲透水再煮沸，接著靜置冷卻，隔天換水後再煮沸一次並冷卻，花上兩天重複兩次煮沸後倒水的步驟。選用日高昆布與羅臼昆布泡製的清爽和風高湯也是一大特色，並藉由加入叉燒醬汁來營造出有層次的風味。而將筍乾擺上拉麵時還會加上一片辣椒圈，這也是本店的講究之處。筍乾以每兩天一次的頻率備料。

食材

筍尖筍乾（水煮）	6kg	豬五花的絞肉（肥肉較少的部位）	
和風高湯			800g
（以日高昆布及羅臼昆布的高湯濾渣、竹筴魚乾片、乾香菇泡出的清淡高湯）		日高昆布（濾掉高湯後的剩料）	
			150g
	600mℓ	醋	適量
砂糖	100g	自製蔥油	
味醂	200mℓ	（將大蔥綠色部分的蔥花、花山椒、黑胡椒、辣椒炒過爆香後的油）	
濃口醬油	200mℓ		
淡口醬油	250mℓ		20mℓ
叉燒醬汁	50mℓ	麻油	適量
辣椒	6g		

重複兩次煮沸後倒水的步驟來除去發酵味的筍尖筍乾。

1 花兩天重複兩次煮沸後倒水，再將除掉發酵味等雜味的筍乾瀝乾。在鍋中倒上一層薄薄的芥花油（食材外）後加熱，將所有筍乾一口氣放進鍋中，再倒入和風高湯。

2 先加砂糖，再將混合好的味醂、濃口醬油、淡口醬油、叉燒醬汁倒入，後加上切好的辣椒圈。

3 倒入豬絞肉後均勻攪拌，將肉煮熟。

4 以中火燉煮約40分鐘。雖然液體調味料含有水份但並不多，需蓋上木蓋燉煮使其更加入味。

5 為避免燒焦，加熱過程中每5分鐘便須掀開木蓋徹底攪拌。

6 將已用來泡出和風高湯的日高昆布切成絲備著。

7 約40分鐘後，在湯汁快煮乾時倒入醋，將切成絲的日高昆布放在正中間並堆成小山，開小火煮。

8 再煮5分鐘，當昆布的周圍開始沸騰便加入蔥油、麻油。

9 將整鍋徹底拌勻，再把筍乾撈出來鋪平冷卻，然後冷藏以供明天之後使用。

第4章

千變萬化的拉麵

12 家店在第 1 章傳授了製作湯頭的細節，此章將介紹其他的高人氣菜色。過往多以「醬油」、「豚骨」為主流的麵店，有越來越多嘗試推出週間才有的「味噌」、「小魚乾」等異於平常的菜色。而沾麵、乾拌麵如今已成老面孔。

※ 刊載菜色、菜色價格為 2016 年 7 月當下的資訊。

醬油拉麵（750 日圓）
→參考 8 頁

麵や維新

備有比內地雞高湯風味顯著的雞肉系湯頭、用竹莢魚乾與沙丁魚乾熬煮的魚貝系湯頭兩種選擇。雞肉系有「醬油拉麵」、「雲吞麵」、「柚子鹽味拉麵」等 8 種，魚貝系有「小魚乾拉麵」、「細麵沾麵」等 3 種。

千變萬化的拉麵

特級醬油拉麵

柚子鹽味拉麵

配菜有包了雞絞肉與洋蔥而做成「能融入湯頭的輕柔口感」的雲吞、溏心蛋、雞肉叉燒、豬肉叉燒、筍尖筍乾、蔥花，更添加比內地雞的雞油來做為香料油。醬油醬汁是由生醬油與二次釀造醬油調配，後味清爽。

（980 日圓）

用小魚乾、柴魚片、鮪魚乾片、昆布、海瓜子等熬出的高湯再加上三種海鹽，靜置三天成為風味圓潤的鹽味醬汁，與滿滿雞肉鮮甜的湯頭十分對味。配菜有雞肉叉燒、筍乾、大蔥、鴨兒芹，再添上柚子的香氣與韓國辣椒的辣味。

（850 日圓）

小魚乾拉麵

湯頭以小魚乾煮出的魚貝高湯加上以雞背骨熬出的雞肉高湯調配而成，是鮮味、甜味、微微的苦味交融的爽口淡雅風味。有豬肉叉燒、筍乾、紫洋蔥、鴨兒芹、辣椒絲做為配菜，呈現異於雞肉系拉麵的調性。　（750 日圓）

細麵沾麵

沾麵汁是用魚貝系湯頭加上醬油醬汁調配出俐落的辣味。麵上頭的配菜有雞肉叉燒、筍乾、鴨兒芹、辣椒絲、酸橘。使用與「拉麵」一樣的細麵，碗底會倒入以鮪魚乾片煮出的高湯來讓麵容易化開，並加強海鮮的鮮味。　（800 日圓）

中華拉麵 醬油（750 日圓）
→參考 14 頁

麺処 まるは BEYOND

提供四種基本款拉麵，搭配上五種湯底。特別推薦「中華拉麵」，沒有肉和魚貝類腥味的澄澈雙重湯頭加上醬汁、香料油，外觀簡單卻蘊含濃郁風味。

千變萬化的拉麵

中華拉麵 鹽味

將雞清湯與小魚乾的二次高湯以 3 比 1 的比例調配，最後加上雞油。麵條與「中華拉麵 醬油」同樣使用方中細麵。少油脂的清透湯頭喝得到雞魚貝類的圓融鮮甜，餘韻留存。配菜有兩片叉燒、切齊的甜鹹筍乾、兩種蔥花、烤海苔。　　　　（750 日圓）

背脂味噌

優質的油脂風味令人印象深刻的味噌拉麵。湯頭是味噌醬汁加上豬清湯、背脂，麵條使用「老式札幌麵」（參考106頁）。將豆芽菜、洋蔥、大蒜、豬絞肉以豬油炒出香味，放在麵上做為配菜，再倒上香蒜麻油。　（750日圓）

沾麵

為了讓麵條能牢牢沾附比豚骨魚貝還要輕盈且黏度較低的魚貝系沾麵汁，選用表面積較大的扁方粗麵，以滑溜又有彈性的口感為特色。配菜有骰子叉燒、筍乾、珠蔥。沾麵汁有強烈的海鮮味及平順的酸味，散發出淡淡的柚子香。可加進沾麵汁變成湯喝的清湯也是以小魚乾為基底。　（800日圓）

鹽味拉麵（850 日圓）
→參考 18 頁

饗 くろ㐂

「鹽味拉麵」、「味噌拉麵」是兩大招牌菜，加上週五才有的「鴨肉拉麵」等每年推出 35 種的限期拉麵，這裡不斷擴展拉麵的多元性。每種拉麵會使用不同的湯頭、醬汁、麵條、配菜。

味噌拉麵

與講究細膩風味的「鹽味拉麵」形成對比，扎實的鮮味才是其價值所在。湯頭用雞白湯搭配魚漿來增加黏稠度，味噌醬汁則用信州味噌與京都的白味噌加上芝麻、杏仁等磨製而成，以營造香濃滋味。做為配料的炒青菜還會拌上生洋蔥丁來增添爽脆口感。（800日圓）

鴨肉拉麵

只有在週五會將店名改成「紫くろ㐂」，打出「鴨肉拉麵醬油專賣店」的名號營業。湯頭用鴨脖子骨、鴨架子、鴨腳，徹底管控加熱溫度來萃取出鴨的鮮味，再加上以小豆島產的生醬油、純生醬油、二次釀造醬油調製的醬油醬汁，風味濃郁的拉麵便能上桌了。除了低溫加熱的烤鴨肉，將油封的生茼蒿與洋蔥做為配菜這點也是極具特色。 （900日圓）

千變萬化的拉麵

98

銀笹鹽味拉麵（850 日圓）
→參考 24 頁

麵処 銀笹

以曾在拜師學藝的和食餐廳推出的鯛魚飯為靈感，將鯛魚飯與鹽味拉麵合體，研發出吃完麵可將拉麵湯頭變成鯛魚茶泡飯的獨特作法。近年來冬季限期的濃湯風味拉麵也備受好評。

焦香味噌濃湯麵

將馬鈴薯、胡蘿蔔、洋蔥放入食物處理機絞碎，再塞入真空包裝中水煮，之後加入動物系湯頭一同以小火熬煮約 1 小時。將大蒜、薑、乾香菇等食材做為基底，加上白味噌、紅味噌、八丁味噌攪拌，再將混合過的味噌放入碗中以噴槍微炙，之後倒入湯頭，搭配中粗直條麵。

（880 日圓）

鯛魚飯

將鯛魚的魚渣清除乾淨後，浸泡於加入酒、鹽的水中 1 小時以去除腥味。用烤爐烘烤後，加入米、水、鹽、白醬油、昆布中一同燉煮。煮好後先取出魚雜將魚肉刮下，再將魚肉放回飯中拌勻。由於鯛魚飯之後要加上拉麵湯頭做成鯛魚茶泡飯供顧客享用，飯會煮稍微硬一些。拉麵使用帶嘴的特製碗公

（350 日圓）

魚貝雞鹽白湯（750 日圓）
→參考 30 頁

我流麵舞 飛燕

以雞脖子骨、魚乾、昆布、蔬菜熬出的白湯為基底的拉麵有八種基本口味，透過四種香料油來變換風味。雞白湯雖然是濃醇圓融的滋味，但並非靠油脂來增添香濃感，後味爽口不膩。

千變萬化的拉麵

我流札幌拉麵 飛鹽

古早味札幌拉麵風格的超彈牙捲麵、用中式炒鍋煮成的湯頭為最大特色。先將豬油與大蒜炒至冒出白煙，加上絞肉、豆芽菜、洋蔥熱炒，再倒入鹽味醬汁與雞白湯湯頭。事先倒入碗中的優質豬油與湯頭散發出的焦香味豬油會在碗中完美結合。　　　（750 日圓）

鹽味沾麵

方扁直條麵發揮了中筋麵粉的蓬軟口感，能收緊沾麵汁。沾麵汁須先將雞白湯、鹽味醬汁、雞油煮沸，加入高麗菜、杏鮑菇、檸檬、胡椒再煮沸一次。麵吃完後會在碗裡放入青蔥與烤麩，再倒入熱騰騰的清湯，伴隨著蔥花香氣一同供給客人。　　　（750 日圓）

特級味噌濃醇拉麵（930日圓）
→參考34頁

東京スタイルみそらーめん
ど・みそ 京橋本店

京橋本店的菜單有四種「味噌拉麵」以及夏季限期的「味噌沾麵」。
皆以「特級味噌濃醇拉麵」為基礎，再藉由辣味調味料或咖哩粉等來
增加多樣性，為風味增添變化。

特級味噌拉麵

將「特級味噌濃醇拉麵」的大量背脂去除掉
的拉麵。因沒有背脂而使湯頭口感較清淡的
同時，味噌及大蒜香料油的風味也更加顯著。
雖然特級味噌濃醇拉麵的點菜率壓倒性地
高，但「特級味噌拉麵」還是廣受喜愛味噌
的顧客所熱切支持的菜色。　　　（930日圓）

味噌鄂倫春拉麵

從創業後到第2～5年，每月會推出一次限期拉麵，「味
噌鄂倫春拉麵」便是其中之一，因特別受到好評而升
格為固定菜色。湯頭與麵條等皆與「特級味噌濃醇拉
麵」相同。湯頭會加上以豆瓣醬為底的辣味調味料，
擺上以湯頭燉煮的肉燥，再撒上大量的卡宴辣椒粉。

（1000日圓）

味噌咖哩拉麵

這道也是從限期菜色升格為固定菜色的拉
麵。將「特級味噌濃醇拉麵」的叉燒換成肉
燥，撒上自家調配出的咖哩粉並加上辣椒絲。
由於當初是看準味噌與咖哩非常對味而加以
研發，所以在口味調整上很簡單，藉由咖哩
粉的辛香風味來轉化成不一樣的滋味

（1000日圓）

味噌拉麵（730 日圓）
→參考 39 頁

味噌らぁめん 一福

包含招牌的「味噌拉麵」在內，還推出以味噌為底的「味噌辣味拉麵」、「圍爐裏麵」、擔擔麵風味的「芝麻味噌」等五種拉麵。沾麵有「味噌沾麵」、「蕃茄沾麵」等四種選擇。

千變萬化的拉麵

圍爐裏麵

由五種味噌調配成的味噌醬加上以酒粕和豆奶製成的醬，共譜出默默散發自然甜味與香醇的湯頭，並放上內含豬絞肉的辣味肉味噌，使客人能品嘗到風味的變化。配菜有烤蔥、大蔥、水菜、叉燒塊，當鯊魚軟骨有進貨時也會用來做配菜。　　　　　　（1080 日圓）

味噌辣味拉麵

在「味噌拉麵」的湯頭中加入以豆瓣醬、大蒜調製成的辣味噌，將最後加入的辣味噌融入湯頭來調整辣度。配菜有使用嫩豬腿肉做成的厚片叉燒、筍乾、大蔥、烤海苔。老闆娘石田久美子表示「起初大蔥是切成小段，後來考量到口感而改成切小塊」。

（830 日圓）

蕃茄沾麵

由味噌醬汁、辣味噌、番茄醬、湯頭調配的沾麵汁，加上汆燙過的毛豆、花生、筍乾、叉燒塊、大蔥，促成鮮美滋味達到完美平衡的一碗麵。麵條使用以國產小麥製作的中粗麵，會放上切碎的青紫蘇再上桌。番茄醬是由蕃茄罐頭、洋蔥、大蒜燉煮成簡樸又不膩口的風味。　（900 日圓）

溏心蛋拉麵（800 日圓）
→參考 44 頁

らぁ麺 胡心房

基本款拉麵的湯頭、醬汁皆各有一種，藉由季節限期菜色等名目來增加變化。由於拉麵較容易缺乏維他命 C 與食物纖維，故推出將麵條的熱量減半的獨特套餐等。

美味醬拉麵

麵條選用國產小麥粉製作，為使客人能一嘗麵條本身的風味，使用與標準細麵同一個麵帶做成較粗的扁麵。特製醬汁拌上兩種以 100％植物性油脂製作的自製香料油，再放上叉燒、佐味蔥花、蒜片、海苔絲做為配菜。 　　　　（650 日圓）

限女性 健康套餐

「健康拉麵」是將湯頭裡的油脂量減半，麵條則是標準細麵與零熱量的蒟蒻麵各半，再配上含 10 種蔬菜的沙拉、當日健康甜點，組成只有一般拉麵約二分之一熱量的套餐。為顧全品質，一天限量販售20 客。 　　　　（980 日圓）

千變萬化的拉麵

104

濃厚雞白湯拉麵（750 日圓）
→參考 48 頁

麵屋 藤しろ

湯頭僅以雞白湯一決勝負。菜單網羅三種拉麵及三種沾麵，除了有加入叉燒、魚板、滷竹筍、烤海苔、青蔥等配菜的基本口味，還有加溏心蛋的「味玉」、配菜增量的「特製」等選擇。

**濃厚雞白湯
特製沾麵**

為了讓心之味食品的中粗直條麵能沾附湯汁，沾麵汁是以雞白湯加上糯米來調成適當濃度，再加上檸檬汁、粗粒黃砂糖、魚粉，做出濃郁且酸甜味餘韻無窮的圓融風味。沾麵汁裡有叉燒塊、魚板、內含四季蔥的蔥花。麵條最多到中份（300g）不需加價，大份（450g）加 100 日圓、特大份（600g）加 150 日圓。　　　　（980 日圓）

**濃厚雞白湯
特製拉麵**

熬煮 8 小時的濃醇雞白湯配上散發濃濃海鮮香氣的醬汁、菅野製麵所的低加水麵而成的組合。配菜包含將豬肩里肌以低溫煮至濕潤軟嫩的滷叉燒、彰顯魚貝類風味的溏心蛋、將水煮竹筍用魚貝高湯燉煮的滷竹筍、混入四季蔥的蔥花、5 片烤海苔，再擺上魚板為麵碗增添色彩。麵條標準份量 140g，大份（225g）加 100 日圓。
　　　　（980 日圓）

擔擔麵（970 日圓）
→參考 64 頁

支那ソバ かづ屋

「支那拉麵」、「沾麵」、「擔擔麵」是三大招牌
菜色。先從重視整合性大於個性的湯頭立下基礎，
再藉由對麵條及醬油醬汁的用心講究，做出品質穩
定而風味普遍的拉麵。

千變萬化的拉麵

支那拉麵

「支那拉麵」是創業以來的招牌菜。
以新鮮的雞骨和豬大腿骨熬煮的動物
系湯頭、選用瀨戶內海島波海道產的
日本鯷魚乾煮出的魚貝系湯頭、以髭
田醬油「本膳」為基底的醬油醬汁，
雖然各自並無太突出的特色，但配上
自行製麵的中細麵，便能化為醬油拉
麵該有的平衡好滋味。 （750 日圓）

沾麵

麵條與「支那拉麵」同樣使用22號的刀片來切麵，但會調整壓延的厚度來做成中粗麵。雖然湯頭與支那拉麵、「擔擔麵」共用，不過會加上融入豬肉精華的甜醬油。另裝一盤上菜的叉燒是將豬肩里肌肉抹上蜂蜜後以烤箱烘烤，而在烘烤時滴落的肉汁會做為豬肉精華運用於沾麵汁。

（850日圓）

琥珀醬油麵（700 日圓）
→參考 58 頁

貝汁らぁめん こはく

主角是滋味十足的貝類湯頭，菜色網羅醬油、鹽味、味噌、
辣味噌、台灣、油拌麵等六種，以及限期推出的 1 ～ 2 種。
「貝汁台灣麵」是名古屋在地研發的台灣拉麵加上貝類湯頭
而成的獨到口味。

千變萬化的拉麵

貝汁鹽味拉麵

貝類湯頭與動物加魚貝系的雙重湯頭，配上使用德國岩鹽和「鳴
門漩渦鹽」（大塚食品）的鹽味醬汁、添加名古屋林製麵所全麥
麵粉的直條細麵。配菜有兩種叉燒以及海瓜子、蛤蜊、蜆仔三種
貝類，是能直接品嘗到貝類鮮美的拉麵。　　　（700 日圓）

油拌麵

將大豆白絞油以蔥、干貝、大蒜、薑調味出的貝油、濃濃大蒜風味的香料油、醬油醬汁全拌在一起的香濃拌麵。麵條選用東京三河屋製麵的手工風捲麵，標準份量210g。配菜有使用豬肩里肌肉及豬五花做成的兩種叉燒、筍尖筍乾、大量的蔥白絲、蘿蔔嬰。

（700 日圓）

貝汁台灣麵

濃郁的貝類湯頭與動物加魚貝類的雙重湯頭，再加上醬油醬汁、貝油（參考63頁）、自製辣油，打造出能凸顯貝類鮮美的微辣口味。麵條是名古屋的林製麵所添加全麥麵粉製作的直條細麵。以辣椒、醬油調味的台灣肉燥和韭菜是提味的亮點。

（720 日圓）

XO 醬燻伊比利豬
玄瑛流拉麵（920 日圓）
→參考 54 頁

麵劇場 玄瑛 六本木店

用伊比利豬熬煮的湯頭、香味濃郁的自製 XO 醬、從醬油開始獨
自研發的醬油醬汁。不光是主打的玄瑛流拉麵，醬油拉麵也以「鮮
味成分」做為手段。菜色僅有「玄瑛流」、「醬油」兩種。

千變萬化的拉麵

XO醬燻伊比利豬醬油拉麵

用伊比利豬熬出的動物系湯頭，與其搭配的魚貝高湯則是以蜆
仔做為提味關鍵。雖然湯頭的滋味清淡，卻匯集了昆布的麩胺
酸、柴魚片、鯖魚乾片、臭肉魚乾、烤飛魚乾的肌苷酸、蜆仔
的琥珀酸等多種鮮味成分。此外，醬油醬汁還加上乾香菇，更
多了鳥苷酸的鮮味。　　　　　　　　　　　　　（820 日圓）

香料油的作法

與湯頭、醬汁、麵條一樣,「油」是決定拉麵風味的關鍵。從豬油、雞油到小魚乾油、扇貝油、蝦油等,油的種類也隨著拉麵的進化而越發多樣化。

麵処 まるは BEYOND
小魚乾油

繼承了小魚乾與柴魚片風味的小魚乾油。此外,用小鍋與湯頭調和時,「中華拉麵醬油」(參考 14 頁)並不會將其煮沸,但加入「沾麵」(參考 97 頁)的豚骨白湯時,則會煮沸並使其乳化,而「中華拉麵 鹽味」(參考 96 頁)是在完成後才將雞油從麵碗上方邊畫圈倒入,藉此製造香氣。因為油是否與湯頭拌勻、抑或是浮在表面上,都會帶來不同的口感與風味。

食材

調製豬油	7ℓ
日本鯷魚乾	250g
臭肉魚乾	150g
柴魚片	2 大把

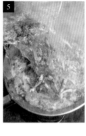

1 將豬油倒入高鍋後開中火,立刻放入 2 種小魚乾。**2** 將火候控制在持續冒出微小氣泡的狀態。**3** 當整鍋的小魚乾變色時,把火力開到最大。**4** 將柴魚片一口氣放入鍋中。**5** 在柴魚片沉下去之前迅速過濾。過濾過程中,油也會流過篩網上的柴魚片,能藉此挪取柴魚片的風味。

饗 くろ㐂
雞油

「鹽味拉麵」(參考 18 頁)是從全雞、雞骨萃取出精華的雞清湯加上有濃郁魚乾風味的魚貝高湯而成。而雞油是從雞清湯汲取出的油,再添上花鰹魚乾片、柴魚花的香氣,最後淋上雞油能讓鹽味拉麵的風味輪廓更加鮮明。

食材(份量不公開)
雞油
花鰹魚乾片
柴魚花
大蔥(綠色部分)
薑

1 準備雞清湯(參考 20 頁)時,將浮在湯頭表面的雞油撈起。**2** 將等量的雞油與水倒入較小的高鍋,放入花鰹魚乾片、柴魚花、切成大段的大蔥、薑。**3** 開大火加熱,煮至油沸騰、水分逸失。**4** 當水分蒸發、油呈透明狀,即用篩網過濾。

1 在中式炒鍋中倒入等量的沙拉油、水，並加上蝦米、大蔥的綠色部分。**2** 開大火將油煮至沸騰。因容易燒焦，須用湯勺時時攪拌。**3** 水分逸失時，油會變成透明的橘色。**4** 用篩網過濾 3。

饗 くろ㐂
蝦油

將大量的櫻花蝦以熱水和油用大火煮沸，方能煮出香噴噴的蝦油。「味噌拉麵」（參考 98 頁）是藉由添加魚漿的雞白湯、味噌、杏仁所調配出的味噌醬來營造濃醇風味，最後再加上蝦油，讓蝦的香濃風味達到畫龍點睛的作用。

食材（份量不公開）
沙拉油
蝦米
大蔥（綠色部分）

食材

北海道產的雞皮、雞脂	共 2kg
干貝粉	100g

我流麵舞 飛燕
扇貝油

用於「魚貝雞鹽白湯」（參考 30 頁）、「醬油沾麵」的扇貝香料油是以店內使用的雞油為底，加上干貝粉來汲取香氣與風味。比起直接使用魚貝類的粉末，更能增添豐醇的風味與圓融感。與選用不同食材的各種湯頭搭配使用，不但不會破壞整體的一致性，更能添加銳利的鮮味。

1 將嫩雞的皮與油脂放入中式炒鍋，開中火加熱。**2** 油脂會因受熱而開始融化，將火候保持在中火。**3** 約 7 分鐘後，融化的油脂中會有油渣呈油炸的狀態。**4** 約 10 分鐘後，當油渣開始沸騰便熄火。**5** 用勺子將煮好的雞油撈起。**6** 再將雞油倒入中式炒鍋後開中火，並倒入干貝粉。**7** 煮沸即關火，直接靜置冷卻。

拉麵食材圖鑑

拉麵的湯頭裡投入了各式各樣的食材，一碗拉麵中濃縮了多種食材的精華。藉由了解各種食材的特色、能從其萃取出的風味與香氣，才能孕育出高原創性的美味。

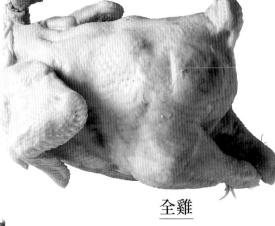

動物系湯頭食材

雞湯的魅力在於甘甜的滋味與香氣。無論是僅用雞骨或是選用帶肉的全雞，甚至是雞本身的來歷與年齡，皆絕對會影響湯頭的風味。豬骨類的特色則是比雞骨還要有豐富的膠原蛋白，在長時間熬煮下，水與油脂會乳化而讓湯頭變濁。

雞爪

雞的腳掌部分，因形似楓葉而在日文中稱為「紅葉」。富含明膠及膠原蛋白。剪掉爪子、剝皮之後，方能煮出沒有腥味的湯頭。在表面劃上切口，能更快煮進湯頭中。

雞脂（蛋雞）

匯集雞的油脂部分的雞脂肪，多用於放入湯頭中融化，或是灑在湯頭上以增添香味。蛋雞的油脂偏黃色、風味較為強烈，須謹慎抓好雞脂與湯頭的比例。

雞骨

建議使用帶有油脂的部位，有無油脂或雞屁股等因素皆會影響湯頭風味。雞心、雞肝等內臟會造成腥味，故須剔除。若以流水清洗容易使精華也一併流失，請用少量的水洗去雜質。

雞脂（肉雞）

嫩雞（肉雞）的雞脂比蛋雞的雞脂還要偏白色，也較無腥味。可用香味蔬菜或辛香料來為油脂添上香氣，當做香料油少量加入湯頭中，應用範圍非常廣泛。

全雞

無法再下蛋的老雞雖然肉質硬、不適合食用，但仍可做為湯頭的食材。而嫩雞經長時間熬煮，肉會越軟嫩而能輕易化開，若熬煮高湯能萃取出新鮮滋味。須將內臟的雜質清除後再使用。

雞骨類

以人工催促的方式飼養的肉雞因骨頭並無膠原蛋白蓄積，較難運用於熬煮湯頭，而土雞與品牌雞的骨頭相對來說經充分形成，能釋放出濃醇風味。不光是雞骨，若能選用帶肉的全雞更能增添鮮味。

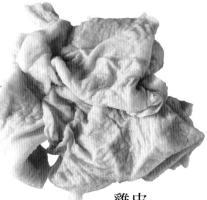

雞皮

覆蓋於雞肉表面的雞皮富含脂肪，加熱時會產生大量的油脂。異於包裹住內臟的雞脂，雞皮的油脂有著清爽的香醇味。由於燉煮過程中會冒出油脂，在鍋內表面形成一層油，亦能藉此防止湯頭氧化。

背里肌骨

以豬骨髓為中心的豬背骨，豬骨裡頭格外有濃醇味。用於白湯或清湯皆宜，但更適合為澄透湯頭營造濃郁風味。與豬大腿骨相比，能在短時間內熬出高湯。白色的筋是腥味的來源，須細心挑除再使用。

豬頭骨

可說是九州甚至是博多拉麵最具代表性的湯頭用料。可利用豬腦燉出濃稠的高湯，但也會因此加快腐壞的速度，須挑選高鮮度的頭骨。經長時間熬煮至軟爛，過濾時一邊擊碎骨頭便能濾出香濃的湯頭。

豬骨類

豬骨含有大量的膠原蛋白，更富含帶來鮮味的肌苷酸。包含豬腦的頭骨、多關節的背里肌和肩里肌、多骨髓的大腿骨等，根據不同的骨頭部位、萃取溫度、時間，皆會改變湯頭的濃度與香醇度。

肩里肌骨

比背里肌更靠近肩膀的豬骨。熬煮高湯的時間雖略短於背里肌骨，但相較於其他豬骨更能熬出濃醇風味。

綜合豬骨

將一隻豬所有部位的骨頭混合在一起，在更早之前提到豬骨都是以此為主流。相對於大腿骨、里肌骨來說骨髓較少且有雜味，不建議單獨使用，須與雞、魚貝類等其他食材做搭配或調整用量。

豬腳（去毛）

豬腳的膝下部位，富含膠原蛋白。因含大量明膠，適合用於熬煮帶稠度的高湯。大腿骨、里肌骨雖然常用來做為補強食材，也有少數店家僅用豬腳來燉湯。使用前須先剪掉爪子並水洗。

豬腳（未去毛）

豬骨類之中味道特別重的食材。若未將表面的豬毛烤過並處理乾淨，動物的體味便會直接滲入湯頭中。近年來有越來越多店家使用去毛的豬腳。

豬大腿骨

豬腳的膝關節部位，因形似人類的拳頭而在日語中稱為拳骨。骨頭中心富含骨髓，這也是湯頭的精華。若以原狀下去煮會熬不進湯頭，須用碎骨機等工具，將其剖半成骨髓容易融入湯頭的狀態再下鍋。

背脂

主要位在豬背上的脂肪，視品質分為 A 脂、B 脂等。可放入高鍋促成湯頭乳化，或是與湯頭分開燉煮至濃稠狀態、過濾後加進麵碗中。

魚貝系湯頭食材

魚貝系的食材除了有魚乾片類、昆布類、小魚乾類，還有干貝、蝦米，其中也不乏選用生鮮貝類的店家。這些都是掌握風味關鍵的重要食材。

花鰹魚乾片 厚切

原名宗田節，在關西地區又被稱為目近節。介於鰹魚和鯖魚的中間，香醇與鮮味非常強烈。雖因血水較多而容易有苦味與酸味，只要和其他食材妥善調配便能加以中和，將其轉變為濃醇味。

鯖魚乾片 厚切

主原料是脂肪比白腹鯖還要少的花腹鯖，在魚乾片中屬鮮味與香醇度最高的。與柴魚片、花鰹魚乾片相比，雖能萃取出濃郁的高湯，卻也容易產生微微的魚腥味與混濁。可與其他魚乾類搭配使用以發揮其特長。

本節柴魚片 厚切

魚乾片類之中的最頂級品，能做出既爽口清透又銳利的湯頭。主要成分為蛋白質，胺基酸與肌苷酸能打下濃郁風味的基礎。拉麵多選用至少厚達 2 公釐的厚切柴魚片。

柴魚粉

由柴魚片磨成的粉狀。近年來在沾麵風潮的席捲下，成為需求量劇增的食材。不但能做為湯頭食材，也可以直接加入沾麵汁的碗裡，發揮魚貝類特有的強烈風味與香氣，或是用來當做增添香味的配菜或香料油的食材等。

魚乾片類

將大型魚的魚肉煮過後燻烤，能把鮮味緊緊鎖住的魚乾片類是日本自古以來的保存食品，也是優秀的調味料。除了最具代表性的柴魚片，還有花鰹、鯖魚、鮪魚等五花八門的製品。

昆布

昆布最主要的鮮味成分是麩胺酸以及甘露醇，在日本分布於北海道至北陸沿岸的特定海域。依據棲息的海域，存在著真昆布、利尻昆布、鬼昆布等 7 種昆布，各自的風味與滋味都有些微不同。

日高昆布

正式名稱為三石昆布，雖然也分布於北海道南部及本州東北部，日高地區出產的昆布會以此名稱呼，可說是最基本的拉麵食材。由於很快就能將昆布煮軟，所以無論用來煮高湯或調理用皆適宜。沒有強烈的腥味，搭配任何食材都能相互融合。

羅臼昆布

正式名稱為柄長鬼昆布，能做出香醇又濃稠的高湯。比起搭配風格強烈的食材，更適合用在能直接釋放出鮮味的清湯系湯頭。由於一整塊的價位很高，拉麵多選用切塊時多出來的邊邊，通稱為「昆布耳」。

利尻昆布

分布於北海道北部的廣闊沿岸，不過主要產地是以稚內為中心的禮文島、利尻島一帶。比起日高昆布更能萃取出極為濃醇的高湯，顏色偏黃。許多店家為了加以強調昆布的風味與香氣而選用利尻昆布。

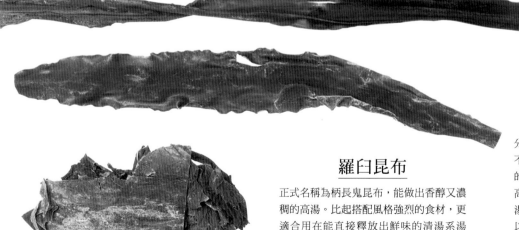

飛魚乾

用小型飛魚製成的小魚乾，以長崎縣為中心的九州產居多，能做出溫和淡雅的高湯。圖為含內臟的飛魚乾，也有將較大隻的飛魚內臟去除後連頭一起乾燥而成的魚乾。比其他的小魚乾類較為高價。

小魚乾

相較於使用魚乾片或昆布打下味道的基礎，小魚乾類能營造出更強烈的香氣與濃醇感。可將小魚乾與動物系或蔬菜系湯頭的相容度、整體的平衡感列入考量，選出最適合的食材。

臭肉魚乾

產地有長崎縣、高知縣等，因眼睛大又圓而有圓眼仔的暱稱。比日本鯷魚還要沒腥味，能煮出透明的高湯，散發高雅又獨特的甜味。

日本鯷魚乾

產地有長崎縣和千葉縣等，下顎遠短於上顎，在小魚乾類之中能做出最強烈的高湯。即使是同一種魚，北方捕獲的脂肪較多，可做出風味濃郁的高湯。因帶有苦味，建議將魚頭與內臟清除。

飛魚

臭肉魚

竹莢魚

日本鯷魚

竹莢魚乾

將小型竹莢魚煮過，再以天然日曬或機器乾燥而成，產地有長崎縣和千葉縣等地。因較無雜味且清爽，過去主要用於烏龍麵店，近年來也被運用在拉麵食材上。

雖然拉麵的食材一般以味道、香氣皆濃郁的日本鯷魚為主流，擁有淡雅風味的飛魚、臭肉魚、竹莢魚等的需求量也已日漸增加。風味會因產地、魚的脂肪含量而異。在保存上也必須留意氧化的問題。

第5章

如何開店與經營

我們訪問老闆如何在競爭激烈的
拉麵業界推出擄獲顧客胃口的菜
色、讓店家長久經營下去的秘訣。
有不少人跨界入行，創立麵店的
經歷形形色色，也算是拉麵業界
的一大特色，而這些也反映在各
家店的風格上。

※ 店舖的地址、電話號碼、營業時間、公休日等為 2017 年 7 月當下的資訊。

麵や維新

創立以凸顯出土雞鮮甜的淡雅系「醬油拉麵」深受歡迎的「麵や維新」、推出加了大量背脂的橫濱中華拉麵的「維新商店」兩大品牌，皆以用心熬煮的湯頭及國產小麥製作的自製麵條風味備受好評。

老闆長崎康太曾任貨車司機，後轉行至餐飲界。2001 年 26 歲時加入神奈川厚木的「ズンド・バー」而臣服於拉麵的魅力，遂於 2004 年在神奈川大和開設「麵や維新」，卻因店面的契約糾紛而在兩年後關店。2008 年再次於橫濱開店，2013 年在東京目黑開設新店，目前經營兩家分店。

Q 請談談您開拉麵店的來龍去脈。

高中畢業後我跑去當貨車司機，但當我考上大型車駕照沒多久就傷到腰，所以就趁這個機會改去居酒屋工作。之後在找白天的打工機會時，我抱著隨便的心態加入當時剛好在徵人的「ズンド・バー」，漸漸受到拉麵的魅力所吸引。

在那之前從來沒有經歷過有人對我所做的料理說「好吃」，所以當客人對我說「好吃」，那句話就在我心裡迴盪，我心想要是能自己開店一定很好玩。久而久之，我越來越不想仿效他人，只想靠自己的雙手從頭製作拉麵來讓客人吃得開心，就在厚木一帶找店面，在 2004 年獨立開設了「麵や維新」。

起初店面是 15 坪、10 個座位。雖然銷售額毫無起色，還差點被斷電，撐了一年左右終於有客人捧場，卻又遇到店面的契約糾紛，兩年就收了。然後又回到居酒屋打工存資金，2008 年在橫濱開了約 10 坪、14 個座位的店。後來當每天能賣出 150～200 碗麵時，便開始考慮開第二家店。想說既然要開就到東京去闖一闖，所以決定將店開在方便開車來往於兩地的目黑。然後又想把當初沒能放進維新菜單裡的拉麵放在第二品牌推出，便將維新搬到目黑，橫濱店則轉型成濃厚系的「維新商店」。從 2013 年 10 月開始以兩家分店的體制來經營。

Q 您是如何打造出菜色的呢？

其實只要模仿當初打工所學的風味，應該也還說得過去，但我想做出僅此一家的獨創拉麵，所以決定用自己最喜歡的雞味湯頭，再逐步思索該加上什麼。老實說以前有在某家店吃到驚為天人的鹽味拉麵，心想自己也要做出厲害的鹽味拉麵，於是創業當時就是以鹽味為主力。不過我趁店搬到橫濱時，將主力改成更能彰顯出雞味湯頭之鮮美的醬油。再遷址到目黑後，藉由選用比內地雞等方式，持續嘗試製作出對食材極為講究的拉麵。不添加化學調味料、選用能凸顯雞味鮮美的食材來堆疊美味，這些作法的根基從創業以來始終如一。但我們會陸續調整食材或料理方式，所以風味會繼續變化下去。

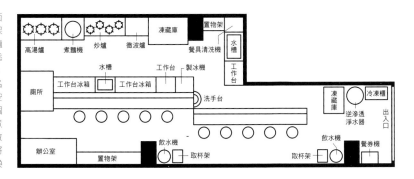

目黑「麵や維新」的店面原本就是一間拉麵店。保留前一家店的吧台、煮麵機、工作台冰箱等,再添購新的高湯爐、冰箱等,將店面改裝成能容納兩名廚師、一名外場人員的空間。雖然開張時有 14 個座位,但一次最多只能煮三碗麵,所以在一年後改成 10 個座位。第二年將白色牆面改成黑色,變換新風貌。

Q 請分享您在經營上所下的工夫與心血。

我從 2010 年開始自製麵條,但因為當時只有我一個人會自己製麵,店搬到目黑後,我就過著從半夜一點開始在橫濱製麵,然後不闔眼直接到目黑的廚房坐鎮的生活,結果就把身體累垮、長達半年臥病在床。我真的很感謝在那段期間幫我顧好店的員工。我從那次經驗記取教訓,深切感受到若要讓拉麵店長久經營下去,夥伴是不可或缺的。有位我很崇仰的人曾經告訴我「將人材的"材"變成"財"相當重要」,我將這句話當成座右銘,謹記著在管理店舖時必須以員工至上。

Q 請談談您未來的計畫與目標。

我想為幫助我打拚的員工打造出能讓他們大展身手的空間,所以會繼續擴店,這就是我現在的目標。維新商店是以背脂、雞油來製造湯頭的濃醇感,並用薑提味再配上手工麵,我想將這個路線以「橫濱中華拉麵」的名義普及出去。另一方面,目黑的維新則預計把菜單設計、服務等所有工作都從零開始一一檢討。經考量後加入細微的修正,將能讓麵店更上一層樓。此外,雖然維新目前一天最多只能備好 200 碗的湯頭,但我在考慮是否能在關店後的深夜時段以另一個品牌來推出截然不同的拉麵,應該會是個不錯的點子。拉麵這條路沒有終點,所以我想一路挑戰下去。

從 JR 目黑站步行 5 分。拉開木製的拉門,左手邊是餐券機,右手邊是逆滲透淨水器,後方則是長長的 10 人吧台座。一天的來客數約 180 人,女性約佔三成。

DATA

- 開店年月／2013 年 10 月
- 店舖面積／約 16 坪
- 座位數／10 席
- 廚房員工數／2 人
- 外場員工數／1 人
- 營業時間／11 點 30 分～ 15 點、18 點～ 22 點
- 公休日／週日
- 地址／東京都品川区上大崎 3-4-1
　　　サンリオンビル 1F
- 電話／03-3444-8480

麺処 まるは
BEYOND

五種湯頭配出四種基本款拉麵,無論點哪一種都能嚐到不同風味並以此為賣點的麵店,其中又以魚貝系湯頭的香氣與鮮美為特色。老闆長谷川凌真曾在札幌市內人氣拉麵店老闆的父親麾下習藝。父親病逝後,於 2013 年重新開設了這家店。

長谷川凌真生於 1991 年札幌市。就讀札幌大學時在薄野的「麵処 まるは健松丸」打工,在兩年後的 2013 年開設現在這家店。不但繼承父親的商號,更希望能青出於藍而取此店名。目標成為客人每天都願意來吃的麵店,而注重不對身體造成負擔以及多元的風味。他表示「就算彼此之間的喜好差異再大,希望這裡能成為他們願意一起來的店」。

Q 是什麼讓您決定繼承拉麵店呢?

父親在我國一的時候卸下上班族的身份,開了名叫「麵処 まるは」的店。當時我正值叛逆期,又無法理解他為什麼要賣拉麵,所以我那時對父親的工作和拉麵都毫無興趣。但在 18 歲的大學時期,我在父親的店裡打工,並跟隨他去京都的百貨公司參展,就跟跑來捧場的當地拉麵店師傅變熟,其中有幾個準備要獨立開店的師傅亟欲吸收我父親的拉麵味。他們明明只大我幾歲,對工作的熱情卻相當高,與同業互相競爭、一心只想做出好吃的拉麵。我深受影響,心想原來拉麵這麼有趣。

之後當我跟父親商量想去別家店拜師學藝,他向我吐露健康亮紅燈的狀況,於是我 19 歲開始在父親開的分店「麵処 まるは健松丸」(以下簡稱健松丸)工作。雖然在那段期間也曾煩惱想嘗試不同的作法來打造自己的風味,如今回想起來,當時就像是我的修行期。我的前輩非常能幹,所以我也不服輸,學習把工作做好。

Q 您修行三年後在 22 歲開店,請談談這段歷程。

我在健松丸時,曾參與發想每週更換口味的限期拉麵。雖然很吃力,但跑遍北海道內外的店家,邊思考「該怎麼樣才能煮出這個味道」邊多加嘗試,對我來說是很好的訓練。先了解基本構造再來加以變化,而非從零開始架構,這樣的發想方式我想也是在那時候練就的。

健松丸在 2013 年 6 月熄燈,之後花了近半年時間找店面與試做,在 12 月開了這家店。我在拉麵店雲集的豐平區找到店面,立刻就決定是它了。正因為這裡是一級戰區,我得以在經營知名店家的前輩們鼎力相助下每天力求進步。也因為同業互相交流,而能讓客人認識我們,對開設拉麵店來說是絕佳地點。

Q 「中華拉麵 醬油」是繼承「麵処 まるは」的作法嗎?

長大成人後幾乎沒吃過我父親煮的拉麵,所以現在的「中華拉麵 醬油」是根據自己真心喜愛的味道,沒有任何多餘的東

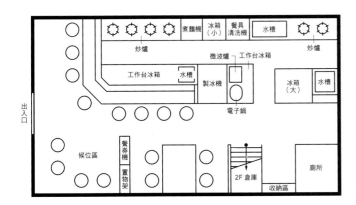

L型吧台座與一桌座位的
簡單陳設。相對於用餐
區，候位區的寬敞空間是
為了因應北海道的寒冬。
雖設有餐券機，但該店秉
持著盡可能走出吧台親自
待客的精神，特別將用餐
區的通道留寬一些，方便
員工進出。

西，以恰到好處的美味為目標而全新研發出來的拉麵。我想
應該是在健松丸的兩年內密集嘗試各式各樣的拉麵，最後愛
上了簡單的魚貝醬油味中華拉麵。話雖如此，有時候去別家
店吃麵，父親的味道會湧上舌尖。他的拉麵比我煮的還要鹹、
好像鰹魚的風味更重一些……，而父親的熟客也是這麼認為。

Q 有因為湯頭種類之多而帶來難處嗎？

店裡會準備豬清湯、雞清湯、魚貝系一次高湯與二次高
湯、豚骨白湯等共五種湯頭。就算只是一家店，我們也希望
能順應客人的各種喜好，所以算是有所覺悟了。我們店比較
特殊的一點是，比方說假如鹽味拉麵賣得不好，所使用的兩
種湯頭就會浪費掉。即使如此，其實只要做個兩年就能預估
哪種菜色會賣，也能藉此推算出湯頭的備料份量，以保持湯
頭的新鮮度。此外，就如同中華拉麵醬油的湯頭作法（參考
14頁），例如將煮叉燒的湯汁加進湯頭中，或是將浸泡叉燒
的醬油挪用於醬油醬汁，我們不斷思索如何趁新鮮時將食材
發揮到最大效用。

Q 請分享您未來的計畫。

這家店邁入第三年，已培育出一位能將廚房全權託付的
員工，應該早晚會開始考慮開設第二家店，這樣一來就需要
更多的人力。因為我不喜歡無法顧及全局的感覺，目前只想
說分店最多開到三家就好，但還必須將員工可能有意要獨立
出去等情況列入考量，先在腦袋中做好心理準備。

店面位在札幌市內的豐平區，同區內
有許多高人氣麵店，但也因老闆之間
十分親近而有切磋琢磨的風氣，常舉
辦合作活動等。可說是能感受札幌拉
麵界充沛活力的區域。

DATA

· 開店年月／2013 年 12 月
· 店舖面積／約 11.5 坪
· 座位數／12 席
· 廚房員工數／2 人（輪班制）
· 外場員工數／1 人
· 營業時間／
　11 點～ 15 點、17 點～ 20 點 45 分 (最後點餐)
　週六日、國定假日　11 點～ 20 點 (最後點餐)
· 公休日／週二、第三週三
· 地址／北海道札幌市豐平区中の島 1 条 3-7-8
· 電話／ 011-812-0688

饗 くろ㐂

投入和食、義式料理超過 20 年，一路走在廚師路上的黑木直人在 2011 年 6 月創業，標榜「優質」的理念，持續創造出「鹽味拉麵」、「味噌拉麵」等將其卓越廚藝發揚光大的多元拉麵。

老闆黑木直人曾在東京赤坂的日式料理店「三河家」及義式餐廳學藝。在擔任 Global-Dining 股份有限公司的旗艦店「権八」副主廚、專開高級餐廳的 Bright and Excel 股份有限公司（現改名 EDGE）的總主廚後，因受到東京湯島「らーめん天神下 大喜」的拉麵所觸動而決心開設拉麵店。

Q 請問您開始對拉麵產生興趣的契機是？

我做為廚師曾在和食、義式料理等多種類型的餐廳工作超過 20 年，就在我心裡打算是時候開一家自己的店時，剛好在東京湯島的「らーめん天神下 大喜」（以下簡稱大喜）吃了碗拉麵。大喜的「雞肉拉麵」湯頭風味非常細膩，每一道配菜都極為用心講究。在那之前我對拉麵可說是毫無興趣，但那深奧的滋味深深刺激了我的廚師魂。再說，即使同樣是麵類，許多人無法接受蕎麥麵、烏龍麵出現打破傳統的變化版，拉麵迷卻對進化抱持正面態度。我心想沒有什麼料理比拉麵還要值得挑戰，於是下定決心開設拉麵店。

Q 為何將「鹽味拉麵」和「味噌拉麵」做為主打菜色？

因為我從出生到成人都住在東京，對我來說拉麵就等於東京拉麵的醬油口味，但像我這種門外漢突然要挑戰醬油拉麵也太不知分寸了，所以我決定以高雅風味的「鹽味拉麵」、湯頭香濃的「味噌拉麵」這兩種來拼拼看。但拉麵完全是我自己獨自摸索，在熬煮湯頭等環節都是不斷地反覆嘗試。比方說，和食是一種須將所有無用的東西除去的料理，煮高湯時必須將雜質徹底挑除。換作是拉麵，因為雜質也會是鮮味的一部分，所以鹽味拉麵的雞清湯我會刻意不撈除雜質。另一方面，為了能更有效率地從雞肉萃取出鮮味，我們會嚴密管控加熱的溫度。這些烹調手法都是我開了拉麵店以後才開始學習，透過多次改良才有現在的樣子。還有在開張一年後，由於鹽味拉麵、味噌拉麵的作法已確立下來，於是我就再度挑戰醬油拉麵，後來成為週五供應的「鴨肉拉麵」。

Q 請問您開店以後最辛苦的地方是什麼？

因為我當時在拉麵界毫無知名度，開幕後首先面臨的難題就是如何招攬客人。那時候還沒辦法請員工，所以準備工作全都是我一個人在做。湯頭、醬汁、麵條、配菜等等，這些全部做起來很花時間，所以開幕後一個月我每天過著早上 7 點上工、

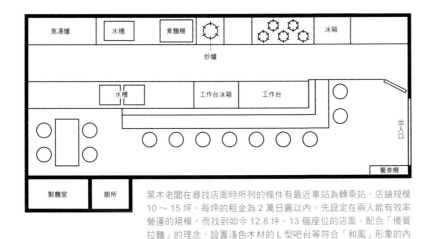

黑木老闆在尋找店面時所列的條件有最近車站為轉乘站、店舖規模
10～15坪、每坪的租金為2萬日圓以內。先設定在兩人能有效率
營運的規模，而找到如今12.8坪、13個座位的店面。配合「優質
拉麵」的理念，設置淺色木材的L型吧台等符合「和風」形象的內
部裝潢。店後方設有製麵室，初期投資為1350萬日圓，自己出資
450萬日圓，向日本政策金融公庫貸款900萬日圓。

清晨5點才離開的生活。雖然過了一陣子營運終於上軌道，
但我很自豪正因為當時沒有在辛苦的時候草率了事，才能獲
得客人的信賴。

Q 請問您經營拉麵店最謹記在心的事情是？

將我們的心意確實放進每一碗拉麵中。以前在準備湯頭
時，我發現有位員工貪圖方便，最後只好把湯頭全部倒掉，
當天決定臨時店休。我堅持用來切蔥的菜刀要好好磨過，裝
盤也不能只是把配菜放上去而已。我認為要是這種小細節怠
慢了，客人馬上就會對我們失去信任。此外，對客人的反應
要保持敏銳這點也很重要。不能只顧熱情的拉麵迷，還要讓
女性和小朋友等廣大的客層感到滿意，為此必須傾聽客人的
意見，再將其反映在改良拉麵與開發新菜色上。

Q 請談談您未來的目標。

就跟這一路走來一樣，我們會繼續做出優質的拉麵。為
了找出心目中的鹽，我曾經試吃大約100種鹽巴，也曾自製
過味噌。在自製麵條上，也曾選用麵包和烏龍麵用的麵粉來
做出多種麵條。但因為我對小麥粉本身的研究順延已久，希
望未來能去拜訪小麥的生產者及製粉業者，了解在地生產製
造的麵粉，藉此讓優質拉麵更加進步。

店位在JR秋葉原站與
淺草橋站的中間。為了
方便吸引目標客層，而
找了這間即使離車站較
遠、仍以轉乘站為最近
車站的店面。

DATA

· 開店年月／2011年6月
· 店舖面積／12.8坪
· 座位數／13席
· 廚房員工數／3人
· 外場員工數／由廚房員工兼任
· 營業時間／11點30分～15點、18點～21點
　　　　　　（限週三11點30分～15點）
　　　　　　※週五以「鴨そば 醬油專門店紫く
　　　　　　ろ瓦」之名義營業
· 公休日／週日、國定假日
· 地址／東京都千代田區神田和泉町2-15
　　　　四連ビル3号館1F
· 電話／03-3863-7117
· 網址／ameblo.jp/motenashikuroki/

麺処 銀笹

藉由鯛魚飯與清淡的鹽味拉麵之組合，成長為每天大排長龍的人氣餐廳。老闆曾任和食師傅的修行、身為拉麵愛好者吃透透的經驗、對銀座一地的堅持，為本店打下獨到風格的基礎。

老闆笹沼高廣出生於 1975 年福島縣。在仙台的和食餐廳習藝五年後，於 23 歲赴東京。在銀座、六本木的高級日式餐廳等地工作之餘，也養成走訪拉麵店的興趣。他以過去待過的「銀座あさみ」的鯛魚茶泡飯、東京東十条的「麺処 ほん田」的鹽味拉麵為靈感，開設了將鯛魚飯與鹽味拉麵結合的「麺処 銀笹」。

Q 請談談您從和食師傅轉換到拉麵店老闆的歷程。

我當時已經在仙台及東京學了 18 年的和食，所以原本是打算獨立開一間和食餐廳，尤其一直在考慮是不是能用鯛魚飯、鯛魚茶泡飯來做點什麼。再說，我原本就很愛拉麵，常常東吃西吃，不過真正讓我想開拉麵店的契機是東京東十条「麺処 ほん田」的鹽味拉麵。我當時心想要是能做出這種鹽味拉麵，把鯛魚飯加進去變成鯛魚茶泡飯應該也會很好吃。一切先以鯛魚飯為優先，我想說要是把店設定在 1000 日圓左右就能較無負擔地吃到拉麵與鯛魚飯，這樣一來就不該開和食餐廳，開拉麵店或許會比較合適。

Q 您在準備開店時是如何開發菜色？

雖然我有製作魚貝類高湯的經驗，動物系湯頭卻是頭一遭，所以我透過朋友的介紹去拉麵店修行一天，還有讀專門書籍來做研究。從辭掉上一份工作到找店面等準備事項，直到開店前約有半年的時間，所以我就在家反覆試做。在菜色的選擇上，我首先決定好要推出鯛魚茶泡飯和鹽味拉麵。不過我覺得還必須加入醬油口味，但畢竟我並沒有做拉麵的經驗，所以一開始就打定主意，我們必須做其他人所沒有的拉麵，於是想出了白醬油的拉麵，而非一般常見的濃口醬油。開幕前，我也曾考慮要推結合了濃郁的豚骨湯頭與烤鯛魚的拉麵，但又面臨到光是一種湯頭就已經佔據一堆高鍋等狀況，最後判定實在無法準備兩種湯頭，才將菜色定位為一種湯頭搭配鹽味、白醬油、沾麵的組合。

原本想說要是能租到尚未裝潢的店面，就可以打造製麵室來自己製麵，但最後接手了別人留下的店面，再加上我對於製麵完全外行，便決定全權交給製麵業者。我請來三河屋製麵的負責人，花了約一星期反覆試吃與討論。雖然清爽的鹽味拉麵大多搭配細直條麵，但我堅持要用能確實吸附湯汁的捲麵，絕不退讓。最後三河屋為我選出目前使用的麵，一人份 150 公克的

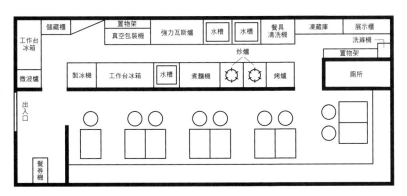

工作台冰箱　儲藏櫃　置物架　真空包裝機　強力瓦斯爐　水槽　水槽　餐具清洗機　凍藏庫　展示櫃　洗滌機　置物架

炒爐

微波爐　製冰機　工作台冰箱　水槽　煮麵機　烤爐　廁所

出入口

餐券機

由於是沿用前租者留下的 10 坪、18 個座位的店面，而以拉麵店來說很罕見的桌席來營業。此外，考量到銀座的地緣特色，即使客人再多也不會併桌。午間營業三個半小時，約供應 150 碗麵，常因湯頭用罄而晚間不營業。

麵量。大部分的拉麵店是約 300 毫升的湯頭配上 130 公克的麵，但本店的麵量較多，而且為了吃完麵還得做成鯛魚茶泡飯，便將湯頭定為一人份 360 毫升，並以帶嘴的特製麵碗供餐。

Q 請問在待客上有什麼謹記在心的原則嗎？

　為符合銀座的形象，首先我們會提供熱毛巾，飲料是麥茶而非水。因為是接手前任留下的店面，所以並沒有設置吧台座，但我們不會讓互不相識的客人併桌。可能因為店位在銀座的外圍，客層以 40 ～ 50 歲男性為主，不過最近也有越來越多年輕人。而女性顧客約佔三成，女性獨自前來光顧也是常有的事，似乎有不少女性認為一個人反而更能無所顧慮地享用拉麵。

Q 對未來想開拉麵店的人有什麼建議？

　若想開拉麵店，最重要的就是你必須擁有某種強項，像我就是剛好以鯛魚飯為主力而成功了。話雖如此，就算你握有精湛的廚藝，要是沒能選對開店地點或許會很困難。我當初是想開一間能在銀座以低價位用餐的店。無論是辦公區、住宅區，或是想將重心放在晚間營業，只要你有個明確的目標與位置上的戰略，並擁有一個異於常人的突出強項，這樣一來成功的機率或許也會相對提升。或者先在知名餐廳拜師學藝並取得老闆的肯定，藉此獲得某種品牌認證也是強力的後盾。

座落在銀座八丁目小巷弄內的隱密店面，距離笹沼老闆修行過的高級日式餐廳「銀座あさみ」也很近。此區域鮮有餐飲店能以低價位享用午餐，而在此開發潛藏的需求。

DATA

・開店年月／ 2010 年 11 月
・店鋪面積／約 10 坪
・座位數／ 18 席
・廚房員工數／ 2 人
・外場員工數／ 1 人
・洗滌員工數／ 1 人
・營業時間／ 11 點 30 分～ 15 點、
　　　　　　17 點 30 分～食材用罄即打烊
・公休日／週日、國定假日
・地址／東京都中央区銀座 8-15-2 藤ビル 1F
・電話／ 03-3543-0280

我流麵舞 飛燕

在背脂系拉麵相當少見的札幌，以主推雞白湯而備受喜愛的拉麵店。味道的核心為雞白湯及魚貝類，將油脂減量且濃醇香的湯頭配上各種香料油來增添變化，濃郁的外表下是健康的拉麵，以「小朋友也覺得好吃的拉麵」為理念。

前田修志生於 1982 年札幌市。因高中時期的打工經歷而在拉麵店就職。曾在小樽市「おたる藏屋」多間分店與多家不同類型的餐廳共工作 12 年，2010 年在札幌市獨立開店。2015 年 11 月開設主打豚骨與小魚乾湯頭的姐妹店「ラーメン ツバメ」，現在於札幌市內經營兩家店。

Q 請分享您踏入拉麵界的契機。

我從 16 歲開始到處打工，後來 18 歲在小樽市內曾打過工的拉麵店上班。當時為了參加北海道物產展而跑遍全日本，有機會結識了其他麵店的同行，讓我感到很開心。有次我們成功幫一家生意不好的店重新站起來，工作也瞬間變得有趣起來。那時候一心只想做出好吃的拉麵，所以就從湯頭和醬汁的作法、菜刀與鍋具的用法到待客之道全部認真學習。和公司內的各種人一同工作，也讓我深刻體會到即使是同樣的配方，口味也會因製作者而有所差異。

Q 請問創業後有遇過什麼辛苦的事嗎？

我在 24 歲左右學習如何經營一家店與管理帳目，26 歲朝獨立開店的目標邁進而從小樽搬到札幌。如果從客人的角度來看，札幌是拉麵之都，而小樽是壽司與海產之城，所以我想說既然會投入同樣的心血，那就要在有比較多願意關注的人所在的地方試試看。可是開幕那年的業績很凄慘，甚至落到得延繳房租的慘況。我的母親看不下去而辭掉工作跑來幫忙，我也因此下定決心要好好面對店的現況，從隔年開始捲土重來。

店面的位置非常尷尬，從三個地鐵站、路面電車站皆須走上 20 分鐘左右，但遷店又會花上一筆經費，於是我想到不如先把自己當做一個賣點，透過社群網站，字數少但頻繁地用自己的表達方式來廣傳出去。發佈內容是每週會變換口味的限期拉麵，結果就吸引到愛好拉麵的客人，只要我們一有什麼動作，他們就會來捧場。而從限期拉麵晉升為固定菜色的正是「飛鹽」，如今依舊是與「魚貝雞鹽白湯」不相上下的高人氣拉麵。

Q 請問您為何會將雞白湯的拉麵做為主力？

因為這樣對手比較少。其實我曾經想用豚骨系湯頭並已開始籌備，但店面所在的豐平區放眼望去大多都是用豚

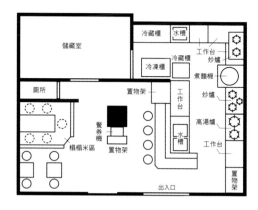

陳設上將吧台座與桌席分成左右兩邊，考量到家族客還設置了榻榻米區。通往外場的動線有兩條，分別是從吧台前方或從廚房後方經過倉庫。因創業基金有限，壓低初期投資額的方法之一就是租一間前身是餐飲店的店面，內部裝潢幾乎由自己人完成。

骨湯頭。距離都這麼近了，要是連味道也相似，那絕對賣不贏人家，於是我就突然決定把湯頭換成雞白湯。我認為魚貝系雞白湯在當時的札幌可說是非常罕見。

　　從那之後真的很辛苦。聽起來或許難以置信，我是在預計開張的 2010 年 3 月 1 日的兩天前，也就是 2 月 27 日才開始試做。我在 28 日試做時才決定在雞湯頭中加入魚貝類，到開幕那天才確立作法。這也是到了現在才能坦然分享，當時真的是只有 80% 的起步，而非 100%。或許是因為我當時完全不懂札幌是多麼嚴苛的環境，才能傻傻撐過來的吧。

距離札幌市中心車程約 15 分鐘，其實不算遠，但距離最近車站須步行 20 分鐘。由於來店方式以開車前來為主，必備停車場，僅 13 個座位便預留了 5 輛車的空間。

Q 請談談為了使餐廳長久經營所需留意的地方。

　　人對味道的喜好會隨時代改變，我認為餐廳本身或許也是如此。比方說我會和常客小聊，但這對其他客人來說是否能接受，或是會害他們覺得像在搞小團體而觀感不佳，像這種事情會因客人的感受而異。不多加嘗試也就不會知道怎麼做才是對的，只要有人找上門，我們也很樂意參加特展和活動。我們在拉麵雜誌的分類票選中，連續兩年獲選為全北海道的第三名，拜其所賜，不但引來了人潮，員工也因此受惠，這些都是實際試過才知道。

DATA

- 開店年月／2010 年 3 月
- 店舖面積／約 17 坪
- 座位數／13 席
- 廚房員工數／3 人
- 外場員工數／1 人
- 營業時間／11 點～20 點
　　　　　　　　※ 食材用罄即打烊
- 公休日／週四
- 地址／北海道札幌市豐平区中の島 1 条 9-4-14
- 電話／011-842-5262
- 網址／garyumenbuhienn.wix.com/hien

Q 請分享您在經營上所下的工夫。

　　直到第五年，我每年都有設定目標並加以達成。就像我剛才所說的「以人為賣點」是第一步，其他目標還有挑戰不同類型的拉麵、切換為經營者等等。我們常與其他店家合作或共同舉辦特展，後來發現要是聚集幾家合得來的餐廳並取個團名，要舉辦活動等情況時就比較好召集人馬，有時情況則是「這次就在不虧損的程度下，去感受一下外界的樣子」。像這樣製造轉換心情的機會可以提升動力，才能永保絕佳狀態來繼續工作下去。

東京スタイルみそ
らーめん
ど・みそ 京橋本店

齋藤賢治在 30 多歲從系統工程師跨行踏入拉麵界。以飄滿背脂的香濃味噌拉麵做為招牌，創業店在僅有 7 坪大、9 個座位的規模下，締造一天能吸引超過 200 人集客量的熱鬧光景。2010 年開始擴展分店，目前已有 7 家分店。

老闆齋藤賢治生於 1966 年東京深川。畢業於千葉工業大學後，進入山一證券練就一身系統工程師的技術。30 多歲時卸下上班族的身份、踏上拉麵之路，在味噌拉麵店習藝 6 個月後，2006 年 3 月開設了「東京スタイルみそらーめん ど・みそ」京橋本店。

Q 請問您對拉麵店抱持興趣的契機是什麼？

大學畢業後，我以系統工程師的職位在山一證券股份有限公司工作約八年。不過，誠如各位所知，山一證券在 1997 年倒閉了。後來我改到當時的社長所開設的新公司上班，在那邊待了六年，但幾乎是過著 365 天毫無休假的生活，於是漸漸產生了擺脫上班族生活的念頭。話雖如此，當時我已經三十好幾，事到如今要踏入像和食師傅那種需要長時間修行的工作實在有困難。因為我原本的興趣就是到處吃美食，其中特別喜歡拉麵，便下定決心要踏上這條路。

Q 為何會選擇味噌拉麵呢？

因為我以前的工作主要負責開發能分析顧客與市場的系統，所以我很清楚拉麵是個非常競爭的市場，也是個不能輕忽的行業。然而，我一直認為很難找到一家店能讓人覺得味噌拉麵好吃，所以我心想要是朝這個方向去做就有勝算。慷慨提供我半年修行機會的是以前在上班族時代吃過無數次的味噌拉麵店，那家店怎麼吃也吃不膩的風味便是「東京スタイルみそらーめん ど・みそ」的原點。

Q 請談談您將「特級味噌濃醇拉麵」的作法定下來的歷程。

我在開張後的一年半左右，大致確立出現在的作法。我們家的味噌拉麵主要是由湯頭、味噌醬、大蒜香料油這三大元素來建構風味，其中又以味噌醬定奪風味的架構。將信州味噌、仙台味噌、八丁味噌、江戶甜味噌、蠶豆味噌調配而成的味噌醬是委託業者照食譜調製，不過當初為了凸顯出味噌的香氣與鮮甜，曾反覆試做超過 30 次。此外，大蒜香料油是我們家特有的風味關鍵。大量使用國產的優質新鮮大蒜，透過與味噌醬的加乘效果，才能創造出獨一無二的口味。由於味噌醬與大蒜香料油便能營造出明確的風味，湯頭也就不必過度講究。藉由沿用不斷追加新湯料的陳年湯頭，能夠縮短需要大量前製作業的

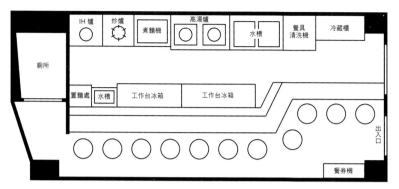

找店面的條件為可以獨自經營的 10 坪內大小、距離自家的通勤時間在 30 分鐘內的區域。透過朋友介紹這間店面並決定在此開店，位在上班族時代的工作地點京橋。雖然是沿用前一家拉麵店留下來的店面，但因屋況老舊而將內外裝潢全面翻新。雖然初期投資額最後高達 1800 萬日圓，用自備款 300 萬日圓，並向國民生活金融公庫（現為日本政策金融公庫）貸款 1500 萬日圓。

準備時間，同時使做出來的湯頭風味更穩定。

Q 開設拉麵店以後有經歷什麼困難嗎？

老實說，到目前為止都未曾陷入稱得上辛苦的艱難困境。當然在開幕當時有不少日子是門可羅雀，但我在創業計畫中早就做好起步總是緩慢的心理準備，所以在那段期間就將精力放在改良湯頭等事宜上。此外，京橋是我在當上班族時工作的據點，當初就想定要是能獲得鄰近辦公族的支持，集客量也會穩定下來，後來常客也如預料中越來越多，生意大概半年就上軌道了。

Q 當初就有打算要開多家分店嗎？

不，我當初想說只要京橋本店生意興隆就足夠了。當店裡變得繁忙便必須補充人力，而員工有所成長時，身為經營者就有義務要為他們準備好下一個能大展身手的舞台，為此我才用展店的方式來因應他們的成長。直到現在我依舊沒有打算要擴展分店，如果開店長會時有員工主動提出擴點的需求才會開始斟酌，這是目前的作法。我們會提供充分的店長津貼給店長，並將經營數據透明化，讓他們能擁有身為經營者的自覺。因為我還鼓勵他們去嘗試製作特色拉麵，現在每家分店都能針對每個月換口味的限期拉麵做提案。雖然我會盡可能去支援有心想獨立開店的員工，但要維持品牌的價值已越來越難，所以我目前採用不另開分號的方針。

在高聳的辦公大樓林立的東京京橋，店面位於餐飲店櫛次鱗比的巷弄內。平日的客層為附近的辦公族，週末則吸引拉麵愛好者等專程前來的客人。

DATA

- 開店年月／ 2006 年 3 月 1 日
- 店鋪面積／ 7.5 坪
- 座位數／ 11 席
- 廚房員工數／隨時 2 ～ 3 人（共 19 人）
- 外場員工數／由廚房員工兼任
- 營業時間／ 11 點～ 22 點 30 分（最後點餐）
  週六日、國定假日
  11 點～ 21 點（最後點餐）
- 公休日／無休
- 地址／東京都中央区京橋 3-4-3 千成ビル 1F
- 電話／ 03-6904-3700
- 網址／ blog.livedoor.jp/do_miso

味噌らぁめん 一福

於東京初台開店 26 年，招牌菜是將雞骨、豬大腿骨、背脂等花上 8 小時熬出的濃郁濁白湯頭配上偏甜味噌醬而成的「味噌拉麵」。再加上老闆無微不至的款待，開張後便培養出不少光顧多年的常客。

Q 請談談您決定開拉麵店的歷程。

大概在我結婚 15 年還是全職主婦的時候，丈夫突然說要辭掉工作來開拉麵店，後來就租了當時住家附近差不多 7 坪大的店面，在 1990 年 10 月開了「味噌らぁめん 一福」。雖然在那之前我就會在家裡自己熬湯頭做給家人吃，但說要開店就像是臨時被推上場。因為有太多不了解的事情，我就向熟識的拉麵店老闆一五一十地討教如何採買、清掃排水溝的方法等等。我先生似乎以為只要一開張就會馬上高朋滿座，實際上卻是每天門可羅雀。幾個月後，他就拋下我跟麵店離開了。之後就靠我和母親兩人來經營，從未休過一天假也勉強撐了過來。雖然一般遇到這種狀況應該會把店收起來，但當初能繼續開店下去，我想主要是因為我們並沒有貸款的壓力。

Q 請問您是如何研發出招牌的味噌拉麵？

我從以前就很愛吃味噌拉麵，每次去北海道就一定會到處找地方吃。有一次麵店的老闆對我說「像我這樣每煮一碗麵就要甩鐵鍋的粗活對女人來說太吃力了，妳會得腱鞘炎的」，確實那對我來說有難度，所以當確定要開店而在思考味噌拉麵的作法時，我想出了不用甩鍋也能煮麵的方法。

剛開始我把用於湯頭的豬大腿骨和雞骨分開熬煮，但這個作法對於我們這種只能事先準備少量湯頭的小店來說並不適合，所以大概一個月後就改成將動物系食材用同一個鍋子熬煮的作法。味噌則是試過數十種，從中選出四種信州味噌來調配成味噌醬。後來在 2000 年左右發現長崎縣產的麥味噌，從此之後便用五種味噌下去調製。開店當時是使用附近製麵廠的麵條，當後來發現了更好吃的麵條就更改過來。如今選用三河屋製麵的麵條，不但能牢牢吸附湯頭，順喉感更是超乎捲麵的既定印象。

「味噌らぁめん 一福」是在 1990 年 10 月於東京初台開幕。老闆娘石田久美子和脫離上班族生活的丈夫一起開設拉麵店，不久後離婚，獨自將店經營成味噌拉麵深獲好評的高人氣店家。在 2012 年 4 月將店遷至現今地點，口味與人氣依舊不變。

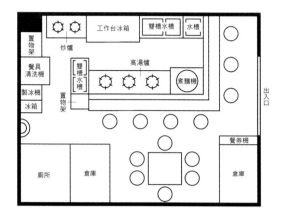

將前身為壽司店的店面承租下來，直接沿用他們的吧台、製冰箱、冰箱等設備，支付約 300 萬日圓改裝成 13 個座位的拉麵店。煮麵機、高湯爐、淨水器等設備則從之前的店搬過來，依石田老闆娘用起來最順手的位置來擺設。為了方便招呼來店及離店的客人，而將煮麵機設置在廚房內離出入口最近的位置。

Q 請談談您在經營上面臨到的困難。

開店後約有 1 年的時間幾乎沒有客人上門，那時候是最辛苦的。之後靠口耳相傳，漸漸有客人來光顧。不過在 1996 年家母過世而只剩我獨自顧店時，腱鞘炎又惡化，我就藉機將原本有煎餃、炒飯等多種菜色的菜單縮減，改成僅供應拉麵與咖哩飯的菜單並沿用至今。在業績上大有起色的契機是 1998 年，因拉麵評論家石神秀幸在雜誌上介紹我們的店，而開始有許多客人特地蒞臨。

2012 年搬遷到現在的店址後因座位數加倍，光靠我一個人忙不過來，就徵計時人員以兩人團隊來經營。有一年半的時間是午、晚間都有營業，但後來我把身體累壞，便從 2014 年開始改成僅限午間營業。即使如此，還是有許多前置作業要做，都要忙到晚上九點或十點才能回家。我們有訂定每週一次的公休日，但能真正放假的時間只有新年假期和暑假，所以這真的是一份必須要真心喜愛才能持續下去的工作。

Q 有什麼事情讓您慶幸自己還在開拉麵店嗎？

比方說以前跟爸媽一起來的小朋友長大成人後自己來吃拉麵，或是很熟悉本店過往的常客跟我聊有關家母的回憶，托他們的福使我深深感受到人與人之間的緣分。無論是在撈除湯頭雜質的時候也好，還是在拌麵的時候也好，我都會懷著這份感恩的心情，一邊在心中默念「我要做出好吃的拉麵給各位」一邊工作。

未來的目標是希望能做出獨門的全新拉麵，讓客人開心品嘗。因為同業已激發出許多創意拉麵，要想出別家沒有的拉麵實在很困難，但我還是想試著開發新菜色。

距離京王新線初台站的腳程約 12 分鐘，座落在平價商店街的一隅。店內風格沉穩，宛如置身高級日式料理餐廳，牆上還掛了許多裱框的名人簽名板。還店費用約 500 萬日圓。

DATA

· 開店年月／ 1990 年 10 月
· 店鋪面積／約 15 坪
· 座位數／ 13 席
　　（吧台座 7 席、餐桌 1 張）
· 廚房員工數／ 1 人
· 外場員工數／ 1 人
· 營業時間／ 11 點～ 15 點
· 公休日／週一，有不定休
· 地址／東京都渋谷区本町 2-17-14 小泉ビル
· 電話／ 03-5388-9333

らぁ麺 胡心房

老闆野津理惠先在雙親創業的拉麵店「虎心房」幫忙，隨著區域重劃而趁機遷店，改名「胡心房」以獨到的拉麵來轉換路線，企圖穩定供給客人「能不帶罪惡感吃光光的拉麵」。

老闆娘野津理惠（左）從 20 多歲開始在雙親創業的拉麵店「虎心房」幫忙，於 2005 年 5 月開設「胡心房」。為了讓情侶來店裡約會時女方不至於感到失落，不但顧及口味，還重視整潔、員工的服務態度，立志成為一家整體表現均衡的拉麵店。

Q 請問您為何會開一間全是女性員工的拉麵店？

一切起源於曾經在東京稻城經營大眾食堂的雙親在隔壁開了一家名叫「虎心房」的拉麵店，而這間虎心房因嚴重缺乏人力，迫使我不得不去幫忙，那是我在拉麵店的廚房初經驗。到了我 20 多歲時，因為在那之前一直在餐飲業工作，也不會討厭接待客人，又蠻喜歡吃東西、煮東西的，所以對拉麵店也毫無排斥的感覺。當時母親與父親分別主導大眾食堂與拉麵店，後來女性員工慢慢集中到拉麵店那邊，或許這段經歷也造就了後來我們以「胡心房」的名義搬到東京町田，成為一家全女性員工的拉麵店。我也曾經反過來質疑「憑什麼女性不能開拉麵店？」、「為什麼沒有女性的拉麵師傅？」。像在我們這裡，假如要從很大一桶的高鍋濾出湯頭時，那個高鍋是女性也能舉起的大小，而且只裝八分滿，要移動大高鍋時裡頭也沒有裝液體，所以只要抓到這種訣竅就行了。當然到了現在我們也可以讓有心要獨立開店的男性員工加入，但從廚房到各種細節都以遵照女性的體型來設計，對男性來說可能會稍嫌擁擠

Q 請問您是如何趁搬遷時將店改成現今的風格？

因稻城市的店面受到區域重劃影響而不得不搬走，而我們家原本就住在町田，所以就在自家附近尋找適合的店面。父母親當年在神奈川相模原開了「虎心房」，我改掉其中一個漢字變成「胡心房」到町田開店。不過我爸媽的店現在已經不在了。

之前的虎心房是用以比內地雞熬煮的清透湯頭，還有選用牛、豬、雞三種骨頭來燉出名為白湯三骨的白濁色湯頭。雖然這兩種湯頭都培養出常客，我也藉此學了不少，但並不代表有兩種湯頭就一定是好事，因為這樣一來就會變成一種是自己創作的拉麵，另一種則不然。於是我把兩種湯頭「各取優點」而來的「豚骨魚貝」做為基底來熬出一種湯頭，並搭配一種醬汁以做成基本款拉麵，再加上限期口

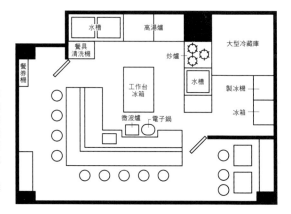

	水槽	高湯爐	
餐具清洗機			大型冷藏庫
餐券機		炒爐	
	工作台冰箱	水槽	製冰機
			冰箱
	微波爐 電子鍋		

共設置 14 個座位，有將開放式廚房圍住的吧台座及兩張餐桌。廚房設計成乾燥式，將廚房內的地板加高，並使廚房機械類直接貼地。此外，除了清洗用的水，全部使用經逆滲透膜過濾掉雜質的 RO 水。

味、季節性口味、拌麵、健康套餐等特色餐點。目前採用這種俗稱高湯作法的湯頭製法與保存方式，對我來說是優點多到數不清，不但能透過放置一晚低溫熟成來讓鮮味成分更加完整，還能去除油脂，也因此才能做出低熱量的「健康拉麵」。

請問您是如何針對女性的喜好去研發拉麵？

Q 以前在虎心房的時代，曾有位女性長輩對我說「真好吃，可是湯頭喝多對身體不好，就沒喝完了」。為何人們會認為拉麵對身體不好，或許是來自大家對拉麵抱持著多油、多鹽的既定觀念。我想抹除拉麵對身體不好的印象，而這點也深深影響了我們如何為風味定調。若想減少鹽分就必須強化高湯來將鮮味提升至恰到好處，不再倚靠油脂，進而構思出「能不帶罪惡感吃光光的拉麵」。

您對未來想開拉麵店的人有什麼建議？

Q 建議不要以為「開拉麵店能賺錢」就輕易嘗試開店，因為大排長龍並不等於賺大錢。或許做出一碗美味拉麵比想像中簡單，但不能只是美味，要能穩定且持續做出 "令人上癮的滋味" 是非常困難的。要是客人明明吃過一次覺得好吃又再來，卻讓他們失望心想「奇怪，跟上次不一樣」，這對客人來說，是一家拉麵店最不該犯的一種背叛行為。拉麵店的恆久目標就是要穩定提供客人不變的風味，因為拉麵店對每一碗麵都有責任。

位在 JR 橫濱線町田站月台旁的大樓一樓。店面的入口設於北側，使客人在排隊時不會直接曬到太陽，這也是當初選擇這間店面的原因之一。

DATA

· 開店年月／2005 年 5 月
· 店舖面積／約 12 坪
· 座位數／14 席
· 廚房員工數／隨時 3～4 人（共 9 人）
· 外場員工數／由廚房員工兼任
· 營業時間／12 點～15 點、18 點～21 點
　　　　　　週六　11 點 30 分～20 點
　　　　　　週日、國定假日　11 點 30 分～18 點
　　　　　　※ 食材用罄即打烊
· 公休日／週一（逢國定假日即營業）
· 地址／東京都町田市原町田 4-1-1 太陽ビル
· 電話／042-727-8439

麵屋 藤しろ

將整隻大山雞和雞骨用 8 小時慢慢熬煮出的濃郁雞白湯備受好評，濃醇香又不失餘韻且充滿膠原蛋白的拉麵、沾麵也深受女性顧客支持。2014 年在三軒茶屋加開分店，目前共經營兩家店。

老闆工藤泰昭出生於 1974 年，16 歲開始在燒肉店打工，因而對餐飲業產生興趣，之後在西餐廳、法式餐廳、酒吧等店累積經驗，33 歲踏入拉麵的世界。他先在東京東十条的「麵処 ほん田」習藝一年半，在 2012 年開了「麵屋 藤しろ」。

Q 請分享您開拉麵店的歷程。

我從 16 歲開始在餐飲業工作，20 歲左右漸漸有一種總有一天想自己開店的念頭。之後相繼在西餐廳、法式餐廳、義式餐廳等店工作，而我決定要開拉麵店是在 33 歲的時候。我當時在酒吧擔任店長，但考慮到結婚與生兒育女，還是想找個白天的工作。一方面也是因為我原本就喜歡拉麵，就將目標設成開一間拉麵店。話雖如此，我當時完全不懂怎麼做拉麵，就想說先到知名店家工作，找找看有沒有哪裡能讓我修行學習做拉麵，後來在 2010 年的夏天加入東京東十条的「麵処 ほん田」。湯頭的煮法、濾湯的技巧之類的製作拉麵手藝幾乎都是從那邊學來的，尤其是他們對香料油的看法令我受益匪淺。到現在我依然會運用在那裡所學的大小事，並使用香料油來營造出讓人吃第一口就留下深刻印象的風味。

2012 年 1 月，我心目中想做的拉麵已接近成型，便離開了ほん田。辭職後開始找店面，目標主要設在東京都內的辦公區與住宅區交融的區域，規模上正好適合兩人營運的 10～13 坪舊店面。我們認為現在這間店面不但離車站近，只要打響知名度就能吸引客人上門，便決定承租下來。由於這店面之前就是一間拉麵店，像吧台等還能用的設備就直接沿用，再從二手廚房設備店、拍賣來買齊需要的器具，最後在 2012 年 7 月開張。

Q 請問您是如何研發出雞白湯拉麵？

其實我本身最愛的是香濃的豚骨拉麵，但豚骨類已經有太多人做出各式各樣的版本，我心想這樣難以彰顯特色，便決定用還有挖掘潛力的雞白湯來凸顯我們的特色。我在構想作法時曾到處試吃比較，大部分店家都是濃滑的濃湯風湯頭。我想說既然如此，我們就主打稍微輕盈一些的湯頭，不用油膩的食材與富含膠原蛋白的食材，來做出能讓人吃到最後不但不膩、還能喝光光的湯頭。確立好方向後，

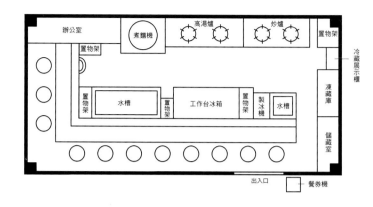

位於離 JR 山手線目黑站腳程 2 分鐘的鬧區，進駐大樓 1 樓的美食街。將前身是拉麵店的店面頂讓下來，沿用吧台、凍藏庫、空調、油水分離機等還能使用的設備，以節省內部裝潢費。創業投資額約 580 萬日圓。一天的來客數無論平日、週末都在 200 ～ 250 人之間。

就只剩下如何在口味與成本之間取得平衡。我們斟酌能在預算內做出理想風味的食材、配方、準備量等事項，最後以全雞、雞架子、雞脖子骨為主，加上牛骨、牛筋來添加鮮味及香氣，還有用蔬菜來補強香味，終於做出現在的湯頭。

Q 請談談您決定開第二家店的過程。

剛好飯田橋有一間原本是拉麵店的店面開放出租，我們就在 2013 年 3 月開了第二家店。但因為那邊是辦公區，週末、國定假日的集客效果並不好……。就在那時候，三軒茶屋突然有一家蕎麥麵店要頂讓，我們就決定遷店，把飯田橋分店收起來，在 2014 年 9 月開設三軒茶屋分店。目前的員工除了我之外，分店各有一位正職員工，再雇用兼職、計時人員，以一家店 2 ～ 3 人的形式營運。實際開店後最讓我感到困難的還是人力問題，當輪班的人手不足就由我來遞補，還是不夠的話就拜託廚師朋友來幫忙，還算勉強過得去。

Q 請談談您未來的計畫、目標。

由於獨立出來開店時就把目標設定在開五家分店，所以我想先把它達成。不過這並非終點，目標達成後會朝新的目標繼續前進。雖然目前並不打算開發新業種，但要是繼續擴展分店，要讓所有分店都能供應同樣品質的拉麵會有其困難性，所以說不定轉換業種會蠻有意思的。還有，開幕當初其實做過很多嘗試，但最近在湯頭的作法上幾乎沒什麼調整，我想也是時候來重新改良一下拉麵的味道。

店面的入口設有一台小型餐券機。由於午間的排隊人龍較長，備有候位用的椅子。吧台、餐桌是承襲上一間拉麵店留下來的設備。

DATA

· 開店年月／2012 年 7 月
· 店舖面積／約 10 坪
· 座位數／11 席
· 廚房員工數／2 人
· 外場員工數／由廚房員工兼任
· 營業時間／11 點～ 15 點、18 點～ 22 點
· 公休日／週日
· 地址／東京都品川区上大崎 2-27-1
　　　　サンフェリスタ目黑 109
· 電話／03-3495-7685
· 網址／ hujishiro.jp

麵劇場 玄瑛
六本木店

「麵劇場 玄瑛」憑靠無添加、無化學調味料的豚骨拉麵，為博多拉麵掀起新浪潮。不但在東京六本木分店選用伊比利豬來熬湯頭，各種巧思皆能看出老闆入江瑛起為拉麵創造新價值而努力不懈。

入江瑛起在 25 歲前任職於徵信社，開店前的經歷頗為特殊。因受到當時結識的拉麵店老闆的生活方式所吸引，便開始朝拉麵之路發展。2001 年在福岡縣宮田町（現為宮若市）開設「玄黃」。2003 年開設標榜無添加、無化學調味料的拉麵店「麵劇場 玄瑛」福岡本店。

店面外並沒有掛門簾，乍看完全不像是拉麵店。位在距離六本木的主街有些距離的閑靜區域。

Q 請分享您決定踏上拉麵之路的契機。

我 21～24 歲都在徵信社工作，雖然「偵探」這個名號很響亮，但並不是什麼正派的工作，一直看著人類的黑暗面也讓我的心志逐漸被消磨。就在那時候，有位一直對我很好的拉麵店老闆指責我的眼神很兇狠，就要我走進他的廚房看看。我待在廚房裡一整天望著店裡，看見各種客人上門，大家都滿臉笑容地吃著拉麵，我看了備受感動，心想「區區 1000 日圓就能讓人如此幸福，真是了不起」，就決定自己也要從事這樣的工作。

Q 您是如何習得拉麵的烹煮技術與知識？

我曾在知名的熊本拉麵店「ラーメン天和」當了五年徒弟，在那裡學習拉麵的基礎知識，再加上我原本就是個好奇心與探究心旺盛的人，因而開始對拉麵抱持許多「疑問」。比方說，拉麵明明是一種主要在吃麵的料理，卻將製麵委託給業者實在很奇怪。所以我就在假日去拜訪製粉公司的研究室，學習麵粉的二三事。然後我還因為找不到能符合製麵理論的製麵機，就連製麵機也是自行製作，像這類的技術、知識，我也靠自己學了不少。

Q 為何將六本木店的拉麵換成福岡本店的拉麵？

最主要的原因就是我自認拉麵的進化已停下腳步而有所反省。在 2003 年開幕的福岡本店，我們不斷堅持做出能將豚骨拉麵特有的「惡臭」排除掉的無添加、無化學調味料的拉麵，即使如此還是未能超越「豚骨拉麵」的範疇。2011 年在東京廣尾開張的純預約制拉麵西餐廳「GENEI. WAGAN」則以拉麵為主軸，推出超過 200 種的菜色。而開設六本木店的用意則反其道而行，只靠拉麵來一決勝負，才會堅決不用豚骨、雞骨等食材，挑戰做出嶄新風味的拉麵。

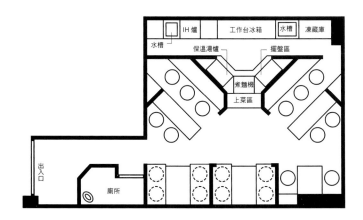

店面雖然有 15 坪大，卻因出入口的走道狹窄，使座位區、廚房可運用的空間僅剩約 12 坪。透過大幅縮短湯頭的熬煮時間等方式來提升烹調作業的效率，進而將廚房的大小壓縮到 3 坪以內。為了讓座位區寬敞些，在不硬塞座位的前提下設置 10 席吧台座、3 張餐桌有 10 席，共 20 個座位。

Q 為何會採用「麵劇場」這種營業方式？

雖然取了這個名字，但其實沒有要用什麼特別的表演來迷住客人，我只是想追求外食業的初衷，而得出以這個方向發展的結論。我認為不只是拉麵店，餐飲店的製作方都必須誠實面對顧客、展開對話，才能提供真正的服務。而製作方在顧客的注視下，也能藉此永保「我要認真工作」的態度。還有，能享受「日常之外」的時間也是外食的一大魅力。雖然拉麵算是日常食物的代表，提供一個日常之外的空間讓客人享用拉麵，這種反差感也是我們的用意。

Q 請問您在服務上有什麼謹記在心的原則嗎？

客人就座後，我要求一定要在五秒內招呼客人。畢竟對於初次上門的客人來說，他們一定非常緊張，在這樣的狀態下也無法盡情享用拉麵，所以我們會先藉由介紹菜色之類的方式來招呼客人，好讓他們放鬆下來。此外，我平常就常叫員工「多談點戀愛」，我的用意不在於逼他們找到對象，而是要讓他們喜歡上他人、懂得為對方著想，藉此能提升他們的服務精神。

Q 請談談您未來的計畫與目標。

GENIE. WAGAN 有許多客人是大老闆，和經營者接觸的機會越來越多，也讓我了解到企業經營的困難與樂趣。「持續探求拉麵」的基本態度並不會改變，但我也在思考後續該怎麼做才能讓事業有進一步發展。我以 2017 年為目標，計畫開設自己的工廠，還打算將六本木分店做為旗艦店，開拓出異於舊有連鎖店形式的拉麵店並積極擴點。

店舖的陳設方式如同「劇場」之店名，將廚房比擬為舞台，從任何一個座位都能看見拉麵的調理過程。內部裝潢藉由選用玻璃製的展示架、配置鏡子等設計，為狹小空間營造出寬敞視野。

DATA

- 開店年月／2015 年 10 月
- 店舖面積／約 15 坪
- 座位數／20 席
- 廚房員工數／2 人
- 外場員工數／1 人
- 營業時間／11 點 30 分～15 點
  ※ 食材用罄即打烊
- 公休日／週日
- 地址／東京都港区六本木 4-5-7
- 電話／03-6447-4010

貝汁らぁめん
こはく

將每早從市場進貨的海瓜子、蛤蜊、蜆仔等三種貝類之鮮甜濃縮進湯頭而深受歡迎，配上添加了香濃全麥麵粉製作的直條麵，「琥珀醬油麵」約佔銷售額的五成，來捧場的客層以附近公司的男性上班族為主。

老闆可兒直樹出生於 1972 年，曾任職於工廠，25 歲後朝餐飲業發展。在西餐廳、居酒屋等店累積經驗後，受到高度自由的拉麵所吸引，在開店一年前進入拉麵評論家石神秀幸擔任校長的千葉縣「食の道場」就讀。2015 年 6 月開設「貝汁らぁめん こはく」。

7.6 坪大的店內設有能與客人面對面的 L 型吧台。將餐券機設於入口處，以確保客人從付款到就座的動線流暢無阻。

Q 請分享您開設拉麵店的歷程。

我先是在工廠上班，25 歲之後開始在餐飲業工作。曾經在西餐廳、居酒屋等地工作，後來覺得拉麵的高度自由性很吸引人，便設下目標要開一間拉麵店。我曾花一年左右的時間在連鎖拉麵店的廚房和外場工作，但並沒有接觸到所謂的拉麵店修行。在開店前的一年半，我進入拉麵評論家石神秀幸擔任校長的千葉縣「食の道場」就讀，上了約兩星期的實習課與講堂。我在學校學到湯頭、醬汁、配菜的作法，以及製作拉麵形形色色的學問等。另外還有店面營運、經營、稅務等講座，可以在短時間內習得廣泛的知識。畢業後我就在家中試做自己心目中的拉麵，同時蒐集店面頂讓的資訊、拉麵業種的新店開張資訊、拉麵界的最新潮流等。而在尋找店面上，我開出的條件是希望在名古屋市內、方便開車前來、10 坪左右、租金 10 萬日圓以內。在這些條件下，我找到了距離幹線公車專用道車程約一分鐘的現在這個店面，便決定在此開店。這個店面之前好像是間日式酒店或酒吧，我把舊店面改裝過，煮麵機和冰箱等必備的機材則大多在二手廚房設備店買齊，後來在 2015 年 6 月開幕。

Q 請問您是如何創造出「貝汁拉麵」？

靈感是來自我以前常去的名古屋市千種區一家麵店「三吉」的拉麵，它是以和風為底味。而拉麵最迷人的地方就在於它容易展現出自己的特色、類型多元，又具備高度自由性。雖然最近流行的是雞白湯和小魚乾湯頭的拉麵，不過我在開店前的一年半內大概試做了 100 碗麵，最後決定推出貝類高湯的拉麵。在反覆試做時，雖然也曾猶豫到底該用哪種類型的拉麵，但當我真正感受到貝類高湯有多美味時，便在心中告訴自己「就用這個來做拉麵吧」。

剛開始是僅用海瓜子來燉煮貝類高湯，但有客人跟我們反應「味道應該要再更強烈一些」，另一方面，我們也嘗

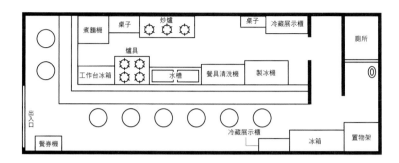

尋找租金 10 萬日圓以內、10 坪左右的店面，後來租下原本是日式酒店的舊店面並加以改裝。開幕投資額為 600 萬日圓，自備資金 300 萬日圓，剩下的 300 萬日圓則是向金融機構貸款。冰箱、煮麵機、餐券機、餐具清洗機等機材大多在二手店添購，以壓低創業投資額。一天的來客數平日 50～70 人，週末約有 90 人。

試增加貝類高湯的份量，還有使用淡菜來煮湯，然而淡菜還有原價較高的難處在，歷經多次試做後，終於確定選用海瓜子、蛤蜊、蜆仔三種貝類來熬製湯頭，這個方法也沿用至今。

由於湯頭的主角是貝類，搭配貝類高湯的動物系加上魚貝系的雙重湯頭就做成清爽口味，以吃得出貝類風味為第一優先。雖然不少人聽到貝類便會聯想到鹽味拉麵，但它配上味噌也十分對味，例如日本的味噌湯、韓國的辣豆腐鍋等，所以我們的味噌、辣味噌、台灣拉麵也會搭配貝類湯頭，冬天還會推出加上牡蠣的拉麵等口味。

Q 在經營上有什麼特別的訣竅嗎？

我每天早上都會去柳橋市場採買，藉此獲得各種資訊。例如鮮魚店的老闆會告訴我「今天的貝類含沙較多，要記得讓牠們吐沙吐乾淨」，或是有時候會在市場發現特價的食材，就會納入拉麵來推出限期餐點。我們曾做過牡蠣和扇貝的拉麵，除了貝類之外，還有用螢火魷和鯛魚渣熬煮高湯來做出拉麵等，我希望透過製作一些有別於固有風味的拉麵，能讓常來的顧客也吃得開心。

Q 開店後有遇上什麼困難嗎？未來有何目標？

真要說的話，最近蜆仔的價格飆升應該是唯一的難題。原本一公斤 1000 日圓攀升到一公斤 1500 日圓，不過目前並不打算將其反映在拉麵的價格上，所以還在苦撐中。我們現階段只想讓銷售額穩定下來，不輕易滿足於現在的口味而不忘持續改良。還有許多客人反應希望夏天能推出冷拉麵，我們也不能辜負他們的期望。

位在距離名鐵瀨戶線森下站腳程 6 分鐘的住宅區內。平日的客層是在鄰近公司工作的上班族，週末則是情侶、年長夫妻等，吸引廣大客群。

DATA

· 開店年月／2015 年 6 月
· 店舖面積／7.6 坪
· 座位數／8 席
· 廚房員工數／1 人
· 外場員工數／由廚房員工兼任
· 營業時間／11 點～14 點、18 點～22 點
· 公休日／週日晚間
· 地址／愛知県名古屋市東区德川 2-10-20
· 電話／052-932-5589
· 網址／ameblo.jp/keieigenri

支那ソバ かづ屋

「支那ソバ かづ屋」在 2018 年邁入開店 30 週年，「吃到最後一口依然好吃的拉麵」是老闆數家豐的極致追求。招牌菜「支那拉麵」、自製芝麻醬香味濃郁的「擔擔麵」受到廣大年齡層的顧客喜愛。

老闆數家豐生於 1956 年，來自廣島縣尾道市。畢業於家鄉的高工後赴大阪工作，之後在 20 歲來到東京，半工半讀念完大學。畢業後曾任經濟雜誌的記者與自由業者，但在 28 歲時面臨必須擔起老家生計的狀況，而以獨立開店為前提，進入東京濱田山的拉麵店「たんたん亭」拜師學藝。

位於山手通上，步行至 JR 目黑站、東急線不動前站分別要 10 分鐘左右。原本在靠近不動前站的地方開店，2012 年 2 月遷到現在的店面。常透過部落格來宣傳麵店及菜色等資訊。

Q 請問您是從何時開始想開拉麵店呢？

我是在 28 歲的時候踏上拉麵這條路。就讀大學期間，我曾用半年時間以背包客旅遊的方式遊遍亞洲及歐洲等地，年輕時就像這樣過著自由奔放的生活，後來因為老家有些狀況，突然間我不得不扛起家計。為了掙得能養活全家人的銀子，我必須自己學著做生意。經百般思考，最後決定開設僅供應單種菜色的拉麵店，就算 28 歲才起步的門檻也不高。朋友幫我和東京濱田山的「たんたん亭」牽線，我向老闆石原敏解釋狀況後，他答應我能以獨立開店為前提，先在他們店裡工作。

請談談您在拉麵店開幕前具體的來龍去脈。

我在たんたん亭修行了六年，其中有四年是擔任店長。因為打從一開始就把修行時間設定為五年，所以從離職的約莫半年前就開始物色店面。不過 1988 年當時正值泡沫經濟的全盛期，在租金暴漲下，實在很難找到符合預算的店面。好不容易找到的店面大小約 9.2 坪，租下店面的總費用為 800 萬日圓。雖然我有事先準備自備款加上貸款一共 1500 萬日圓的資金，但施工等費用的市場價格也所費不貲，最後不得不在營運資金 0 日圓的險惡狀態下開店。

Q 為何會選擇「支那拉麵」做為主力拉麵？

因為たんたん亭最暢銷的就是「支那拉麵」、「沾麵」、「雲吞麵」，所以在設計菜單時就這樣沿用下來。剛開始是以「支那拉麵」、「雲吞麵」兩種來打頭陣，僅用一只高鍋煮出的湯頭後來改成動物系湯頭加魚貝高湯調配成的雙重湯頭，從 2000 年開始又採用自製麵條，我們一步一步自我更新，逐步創造出獨一無二的拉麵。就算拉麵正步入著重特色的時代，但「吃到最後一口依然好吃的拉麵」是我永遠不會忘記的初衷。或許本店的拉麵無論湯頭或麵條都沒有強烈的第一印象，但我們會持續追尋能讓客人吃完一整碗麵後會心滿意足的味道。

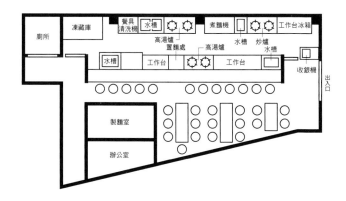

開店當時的店面大小是 9.2 坪、共 15 席，2000 年將店面擴大成 18.4 坪、共 23 席，之後又在 2012 年 2 月搬遷，變為 25 坪、共 29 席。由於客層多為團體和家庭，在座位的設置上除了有 12 個吧台座，還有共 17 座位的三張餐桌。尖峰時刻的人員配置為廚房 2.5 人、外場 0.5 人。為了便於讓 2 人負責烹調拉麵、副食，1 人兼任服務客人、洗餐具，在廚房設備等配置上有精心設計過。

Q 為何會在 2006 年將「擔擔麵」納入菜單中？

其實當初想出擔擔麵原案的人並不是我。2006 年我在東京五反田開了第二家店，而我的恩師石原師傅送給我擔擔麵的食譜做為開分店的賀禮。其實たんたん亭並沒有賣擔擔麵，那是石原師傅將他醞釀多年的構想轉讓給我。擔擔麵也是以支那拉麵的湯頭為基底，不過我們製作湯頭的方式已經和たんたん亭的支那拉麵之間有很大的差異，因此我也針對擔擔麵的作法做些調整，所以我認為這個擔擔麵是我和師傅兩人共同打造出來的結晶。

Q 目前經歷過最辛苦的狀況是什麼？

在五反田開分店的經驗，使我深刻體會到自己並不適合當經營者。總歸來說，五反田分店是一連串的苦難，不但品質管理不如預期，業績也一直拉不上來。因為那家店位在鬧區，競爭對手遠比本店還要多，我就以此為根據不斷嘗試，例如調整價位、加入新菜色等等。但是本店與五反田分店的地點特性可說是天差地遠，後來發現我必須從頭重新檢視商業模式才能把生意做起來，便決定在 2014 年 9 月撤點。

Q 請談談您未來的目標。

我們在 2018 年邁入創業 30 週年，我的目標是讓它能繼續朝 35 週年、40 週年邁進。還有期許自己能向石原師傅看齊，他當初提拔了我，我也要盡己所能去協助想獨立開店的年輕人。不過我認為成功沒有捷徑，必須用五年時間腳踏實地努力過、確實打好基礎，才能開闢出成功的道路。

趁 2000 年擴大舊店面時開始自行製麵，現在的店面內設有 1.8 坪的製麵室，用來製作「支那拉麵」與「擔擔麵」、「沾麵」所使用的兩種麵條以及雲吞的麵皮。

DATA

· 開店年月／1988 年 6 月
· 店舖面積／約 25 坪
· 座位數／29 席
· 廚房員工數／3 人
· 外場員工數／1 人
· 營業時間／11 點～翌日 1 點、
　　　　　　週日、國定假日　11 點～翌日 0 點
　　　　　　※ 食材用罄即打烊
· 公休日／無休
· 地址／東京都目黑区下目黑 3-2-4
· 電話／03-6420-0668
· 網址／www.kaduya.co.jp

TITLE

拉麵開店技術教本　名店湯頭‧自製麵條‧配菜

STAFF

出版	瑞昇文化事業股份有限公司
編著	柴田書店
譯者	潘涵語

總編輯	郭湘齡
文字編輯	徐承義　蕭妤秦
美術編輯	許菩真
排版	沈蔚庭
製版	印研科技有限公司
印刷	桂林彩色印刷股份有限公司

法律顧問	立勤國際法律事務所　黃沛聲律師

戶名	瑞昇文化事業股份有限公司
劃撥帳號	19598343
地址	新北市中和區景平路464巷2弄1-4號
電話	(02)2945-3191
傳真	(02)2945-3190
網址	www.rising-books.com.tw
Mail	deepblue@rising-books.com.tw

本版日期	2020年9月
定價	450元

國家圖書館出版品預行編目資料

拉麵開店技術教本：名店湯頭.自製麵
條.配菜 / 柴田書店編著；潘涵語譯. --
初版. -- 新北市：瑞昇文化, 2019.12
144面；21 X 25.7公分
譯自：ラーメン技術教本：人気店に学
ぶ、スープ、自家製麵、トッピング
ISBN 978-986-401-386-9(平裝)

1.餐飲業管理 2.日本

483.8　　　　　　　　　108019257